André Domhardt

Analytisches Design von Freiformoptiken für Punktlichtquellen

SPEKTRUM DER LICHTTECHNIK BAND 5

Lichttechnisches Institut
Karlsruher Institut für Technologie (KIT)

Analytisches Design von Freiformoptiken für Punktlichtquellen

von
André Domhardt

Dissertation, Karlsruher Institut für Technologie (KIT)
Fakultät für Elektrotechnik und Informationstechnik
Tag der mündlichen Prüfung: 31. Januar 2013
Referenten: Prof. Dr. rer. nat. Cornelius Neumann
            Prof. Dr. rer. nat. Wilhelm Stork

Impressum

Karlsruher Institut für Technologie (KIT)
KIT Scientific Publishing
Straße am Forum 2
D-76131 Karlsruhe
www.ksp.kit.edu

KIT – Universität des Landes Baden-Württemberg und
nationales Forschungszentrum in der Helmholtz-Gemeinschaft

KIT Scientific Publishing 2013
Print on Demand

ISSN 2195-1152
ISBN 978-3-7315-0054-4

Analytisches Design von Freiformoptiken für Punktlichtquellen

Zur Erlangung des akademischen Grades eines

DOKTOR-INGENIEURS

an der Fakultät für

Elektrotechnik und Informationstechnik

des Karlsruher Instituts für Technologie

vorgelegte

DISSERTATION

von

Dipl.-Ing. André Domhardt

geb. in Erfurt

Tag der mündlichen Prüfung: 31.01.2013

Hauptreferent: Prof. Dr. rer. nat. Cornelius Neumann

Koreferent: Prof. Dr. rer. nat. Wilhelm Stork

„*Ausdauer wird früher oder später belohnt -
meistens aber später.*"

Wilhelm Busch

Für Kerstin, Sarah und Julian

Inhaltsverzeichnis

KAPITEL 1

EINLEITUNG

Seit jeher wendet der Mensch optische Gesetzmäßigkeiten an. Die Erfindung der Brille beispielsweise war ein großer Fortschritt in der Menschheitsgeschichte. Dieses vergleichsweise einfache optische Instrument hat bis zu seiner heutigen Form einen Entwicklungszeitraum von über 700 Jahren durchlaufen. Die Entwicklung weiterer optischer Geräte, wie beispielsweise dem Teleskop und dem Mikroskop, bereitete den Nährboden für bedeutende Erkenntnisgewinne auf sämtlichen Gebieten der Wissenschaft. Aktuelle optische Systeme sind in der Regel sehr viel komplizierter aufgebaut und werden typischerweise innerhalb einiger Monate bis weniger Jahre entwickelt und gefertigt. Optische Technologien werden heutzutage in allen Industriezweigen gewinnbringend eingesetzt.

Trotz enormer Fortschritte, insbesondere während der letzten einhundert Jahre, beruht bis zum heutigen Tag dennoch die überwiegende Mehrheit aller optischen Komponenten auf vergleichsweise einfachen Flächentypen, welche sich mit einer geringen Anzahl geometrischer Parameter mathematisch beschreiben lassen. Anspruchsvolle optische Systeme mit sehr guten Abbildungseigenschaften kennzeichnen deshalb seit jeher eine hohe Anzahl optischer Komponenten und die damit einhergehenden hohen optischen Verluste der Gesamtsysteme. Im Gegensatz dazu strebt der Bereich der nichtabbildenden Optik nach hohen optischen Effizienzen und somit nach einer möglichst geringen Anzahl optischer Komponenten.

Gleichzeitig wurden ebenfalls große Fortschritte in der optischen Fertigungstechnik erzielt, welche sich in neuen, massenproduktionstauglichen Herstellungsverfahren wie zum Beispiel dem Spritzgießen und dem Blankpressen niederschlugen. Ein dritter entscheidender Punkt ist die rasante Entwicklung der Rechentechnik während der letzten Jahrzehnte.

Virtuelles Prototyping mittels lichttechnischer Simulations- und Analyseprogramme ermöglicht heutzutage eine erhebliche Reduktion gegenüber früheren Entwicklungszeiten und -kosten. Damit einher geht eine merkliche Steigerung der optischen Systemeffizienzen. Diese und weiter Aspekte sprechen dafür, dass der nichtabbildenden Optik in den kommenden Jahren eine rasante Wachstumsperiode bevorsteht.

1.1 MOTIVATION

In einer Vielzahl optischer und optoelektronischer Geräte sind strahlformende, nichtabbildende Optiken enthalten, deren Entwicklung im Allgemeinen sehr zeitaufwändig und kostenintensiv ist.

Während der Entwicklung optischer Systeme spielt der Entwurfsprozess eine zentrale Rolle. Dessen größter Anteil wiederum besteht aus der Modellierung der optischen Komponenten, auf deren Oberflächen die entscheidenden optischen Effekte stattfinden. Im Wesentlichen sind dies die Umlenkung und die Umformung der auftreffenden Lichtverteilung. Beides ist direkt von der Flächengeometrie abhängig. Prinzipiell ist es für den Optikentwickler relativ leicht, die einzelnen Geometrien der optischen Flächen mit mathematischen Modellen zu kontrollieren und aufeinander abzustimmen. So ist der Strahlengang gezielt formbar. Dieser Sachverhalt macht seit jeher die geometrische Modellierung optischer Flächen zum wirkungsvollsten Funktionsprinzip im Rahmen des Entwurfsprozesses optischer Systeme.

Kommerziell erhältliche „Computer Aided Lighting" (CAL) Programmpakete sind darauf ausgelegt, das reale Verhalten lichttechnischer Systeme sehr genau nachzubilden, zu simulieren und zu analysieren. Der Optikentwickler muss den Programmen die geometrischen Parameter einer optischen Fläche eingeben, bevor diese erzeugt werden können. Allerdings sind gerade diese Flächenparameter die eigentlich gesuchten Modellierungsgrößen. Daher stellt die fehlende Möglichkeit, optische Flächen unter Vorgabe gegebener lichttechnischer Systemparameter und der gewünschten Lichtverteilung zu berechnen, den eigentlichen Engpass des softwarebasierten Entwurfsprozesses dar. Der Erfolg der Entwurfsphase und somit auch aller folgenden Phasen ist nicht vom Programm selbst abhängig, sondern ausschließlich von der Erfahrung, der Kreativität und der Beharrlichkeit des Optikentwicklers.

Für anspruchsvolle Beleuchtungsaufgaben ist es oft erforderlich, dass sich die Krümmung der optischen Fläche in kleinen Bereichen stark ändert. Dafür sind die global definierten Standardflächentypen, welche in CAL-Programmen zur Verfügung stehen, allerdings nicht flexibel genug. Um die optischen Systemeffizienzen weiter steigern zu können, sind Flächentypen mit zusätzlichen Freiheitsgraden erforderlich.

Freiformflächen erfüllen diese Forderung. Im Bereich „Computer Aided Design" (CAD) ist dieser Flächentyp bereits seit einigen Jahren in kommerziellen Softwarepaketen implementiert. Inzwischen sind Freiformflächen auch in einigen CAL-Programmen als Flächentyp verfügbar. Um den praxisrelevanten Erfordernissen des lichttechnischen Entwurfsprozesses zu genügen, ist jedoch darüber hinaus auch ein geeignetes Berechnungsverfahren für die Freiformflächengeometrien unerlässlich. Gegenwärtig sind derartige Verfahren nicht in kommerziellen CAL-Programmen implementiert. Die direkte, das heißt nicht iterative, Berechnung optischer Freiformflächen unter lichttechnischen Aspekten zählt somit noch nicht zum Stand der Technik. Aus diesem Grund kann das große Potential der Freiformflächen für die Optikentwicklung momentan noch nicht effektiv genutzt werden.

Das Potential der Freiformflächen in der nichtabbildenden Optik besteht in erster Linie in ihrer hohen lokalen Formflexibilität. Aufgrund dessen lassen sich Lichtverteilungen bereits mit nur einer optischen Fläche weitestgehend beliebig umformen. Mit Freiformoptiken sind weitaus anspruchsvollere Transformationen von Lichtverteilungen umsetzbar als mit Standardoptiken. Dies ermöglicht die Umsetzung neuer Entwurfskonzepte mit einer minimalen Anzahl optischer Systemkomponenten. Eine geringere Anzahl an optischen Komponenten bedeutet folglich auch geringere optische Verluste im System, was wiederum einer Steigerung der optischen Systemeffizienz entspricht. Des Weiteren bedeuten weniger

Komponenten auch einen geringeren Aufwand in der relativen Positionierung der einzelnen Optiken zueinander.

Ein weiterer Motivationspunkt liegt in den sich rasant entwickelnden, neuartigen Lichtquellen insbesondere den Licht-Emittierenden-Dioden (LEDs), Laserdioden und Gasentladungslampen. Diese besitzen im Vergleich zu klassischen Lichtquellen wie Glühlampen und Leuchtstoffröhren sehr kleine lichtemittierende Flächen. Dies hat zahlreiche neue Anwendungsgebiete eröffnet und darüber hinaus eine Systemminiaturisierung in Gang gesetzt. Insbesondere erfordern diese neuartigen Lichtquellen aber auch adäquate Entwurfstechniken hinsichtlich der geometrischen Modellierung. Die aktuellen Fertigungstechnologien sind ebenfalls weit fortgeschritten und in der Lage, die aufwändig berechneten Freiformoptiken auch in sehr guter Qualität kostengünstig herzustellen.

1.2 ZIELSTELLUNG

Die Zielstellung der Arbeit lautet, ein Entwurfswerkzeug zu schaffen, welches die zeitaufwändige geometrische Berechnung optischer Flächen übernimmt. Dabei soll die Leistungsfähigkeit der entwickelten Optiken über diejenige hinausgehen, welche mit Standardgeometrien erreichbar ist. Um dies zu erreichen, ist es erforderlich, das bereits erwähnte Potential der Freiformflächen lichttechnisch nutzbar zu machen. Hierfür wird ein mathematisches Modell aufgestellt und anschließend ein darauf basierender Algorithmus entwickelt. Des Weiteren wäre eine zeitliche Verkürzung der frühen Entwurfsphasen denkbar und wünschenswert.

Es ist nicht beabsichtigt, mit dem angestrebten Entwurfswerkzeug den Entwurfsprozess komplett zu ersetzen, vielmehr soll es sich in die Strukturen von CAL-Programmen einfügen lassen. Somit wäre eine zukünftige Verwendung als „Add-On" vorstellbar.

Aufgrund der gesteigerten Leistungsfähigkeit der zu berechnenden Freiformoptiken soll es möglich werden, anspruchsvolle Aufgabenstellungen der nichtabbildenden Optik mit der absolut minimalen Anzahl an optischen Komponenten perfekt zu erfüllen. Infolgedessen werden die energetischen Verluste minimiert und im Umkehrschluss die optische Systemeffizienz maximiert.

Die vorgestellte Methode wird anhand praktischer Beispiele demonstriert und getestet. Zur Verifikation der berechneten Geometrien finden die CAL-Programme „ASAP" [40], „FRED" [41] und „LucidShape" [42] Verwendung.

Zu Beginn wird in Kapitel 2 eine Einführung in die erforderlichen Grundlagen der geometrischen Optik sowie der lichttechnischen Modellierung und Simulation gegeben.

Der Ablauf des allgemeinen Entwurfsprozesses wird in Kapitel 3 kurz erläutert, um den Ansatzpunkt dieser Arbeit aufzuzeigen. Daraufhin folgt eine Übersicht über einige spezielle Methoden der geometrischen Modellierung optischer Flächen, welche Ähnlichkeiten oder Gemeinsamkeiten mit dem entwickelten Verfahren aufweisen.

In Kapitel 4 erfolgt die Herleitung des mathematischen Algorithmus zur Berechnung rotationssymmetrischer optischer Flächen in Abhängigkeit gegebener System- und Zielgrößen. Als Ergebnis erhält man ein System, welches aus zwei gewöhnlichen, linearen Differentialgleichungen erster Ordnung besteht.

Anschließend wird dieses Verfahren in Kapitel 5 auf nichtrotationssymmetrische Flächen erweitert. Infolge dieser Verallgemeinerung ergibt sich ein System aus zwei partiellen, linearen Differentialgleichungen erster Ordnung. Sowohl dieses als auch das in Kapitel 4 hergeleitete Differentialgleichungssystem sind mit numerischen Standardverfahren lösbar.

In Kapitel 6 erfolgt die kritische Diskussion des neu entwickelten Maßberechnungsalgorithmus inklusive der Abgrenzung zu bereits bekannten Methoden.

In Kapitel 7 wird die in MATLAB implementierte programmtechnische Umsetzung des Maßberechnungsalgorithmus, das AdoptTool, vorgestellt. Dieses gibt die berechneten Geometrien zur Weiterverarbeitung in einem standardmäßigen CAD-Format aus. Dies ermöglicht den Import in kommerzielle CAL-Programme und die abschließende Verifizierung der Funktionsfähigkeit mittels einer Strahlverfolgungssimulation.

Einige Entwurfsstudien und daraus entstandene Prototypen, welche im Verlauf dieser Arbeit unter Verwendung des AdoptTool entstanden sind, werden in Kapitel 8 vorgestellt.

KAPITEL 2

GRUNDLAGEN

In diesem Kapitel werden die zum Verständnis der vorliegenden Arbeit erforderlichen Grundlagen vorgestellt, sowie häufig verwendete Begriffe erläutert.

Die Geschichte der mathematischen Modellierung optischer Komponenten beginnt im Jahre 1611, als der, vor allem als Astronom bekannte, Universalgelehrte Johannes Kepler in seinem Werk „Dioptrice" die ersten optischen Gesetzmäßigkeiten (Brennpunkte) formelmäßig erfasste und somit die Grundlage für die Optik als Wissenschaft schuf. Wenige Jahre darauf, 1621, wurde das bereits seit der Antike untersuchte Brechungsgesetz von Willebrord Snell empirisch bestimmt. René Descartes formulierte 1637 das Brechungsgesetz in seiner heute bekannten Form mit Sinustermen [17]. Erst infolgedessen wurde die Entwicklung moderner optischer Instrumente, zum Beispiel von Teleskopen und Mikroskopen, möglich.

Die vorliegende Arbeit befasst sich mit Entwurfsmethoden für nichtabbildende optische Komponenten und basiert auf den Grundlagen und Methoden der geometrischen Optik.

2.1 NICHTABBILDENDE, GEOMETRISCHE OPTIK

In der geometrischen Optik wird Strahlung, unter Vernachlässigung des Wellencharakters, durch Strahlen beschrieben [20]. Man spricht deshalb auch oft von der Strahlenoptik. Diese Näherung ist zulässig, wenn die kleinste charakteristische Länge eines optischen Systems deutlich größer als die Wellenlänge der Strahlung ist. Das Spektrum des sichtbaren Lichts beginnt bei etwa 380 nm und reicht bis circa 780 nm. Der Einsatz der geometrischen Optik in diesem Spektralbereich ist ab etwa 10 µm charakteristischer Länge erlaubt. Mithilfe der geometrischen Optik lassen sich demzufolge makrooptische Systeme berechnen. Bei mikro- und insbesondere bei nanooptischen Systemen hingegen darf man die Wellennatur des Lichts nicht vernachlässigen und muss sich der Methoden der Wellenoptik bedienen. Dies betrifft vor allen Dingen Effekte wellentechnischer Natur wie beispielsweise der Interferenz, der Polarisation und der Beugung.

Mit Hilfe der geometrischen Optik lassen sich Effekte wie Brechung, Reflexion, Bündelung und Aufweitung von Licht auf sehr einfache Weise mit Methoden der Vektoranalysis berechnen [20]. In der geometrischen Optik werden ausschließlich inkohärent strahlende Lichtquellen verwendet. Darüber hinaus bildet sie die Grundlage sowohl für den Bereich der abbildenden wie auch den der nichtabbildenden Optik.

Systeme der abbildenden Optik haben das Erzeugen von originalgetreuen Abbildungen zum Ziel. Im Gegensatz dazu werden der nichtabbildenden Optik optische Systeme zugeordnet, welche keinen abbildenden Charakter haben. In den 70-er Jahren des 20. Jahrhunderts begann sich die nichtabbildende Optik als eigenständiges Gebiet herauszubilden. Der Antrieb dessen waren die Bemühungen, Sonnenlicht mit Hilfe von optischen Elementen zu konzentrieren [37]. Der daraus entstandene Bereich der Solarkonzentratoren ist bis heute ein sehr aktives Entwicklungsgebiet. Kehrt man in diesen Systemen die Strahlrichtung um, erzeugt man ausgehend von einer kleinen Lichtquelle eine homogene Lichtverteilung. Dies ist beispielsweise eine der häufigsten Aufgabenstellungen in der Beleuchtungsoptik, welche das bekannteste Teilgebiet der nichtabbildenden Optik darstellt.

Die allgemeine Zielstellung der nichtabbildenden Optik lautet, die von einer Lichtquelle emittierte Strahlung mit Hilfe optischer Komponenten derart auf den Detektor zu übertragen, dass eine spezifizierte Strahlungsverteilung auf diesem erzeugt wird [18].

Darüber hinaus werden nichtabbildende Funktionsprinzipien in zahlreichen weiteren optischen und optoelektronischen Technologien eingesetzt. Die Anwendungen reichen von der ultravioletten (UV) über die sichtbare bis hin zur infraroten (IR) Strahlung. Beispiele hierfür sind die

UV-induzierte Polymerisation zur Lackhärtung, die UV-basierte Wasser-desinfektion, Beleuchtungssysteme, Displayhinterleuchtung, Laserstrahl-formung und die IR-Sensortechnik. Den verschiedenen Systemen liegen sehr unterschiedliche Funktionsprinzipien zugrunde. Abbildungsfehler sind bei diesen Anwendungen in vielen Fällen unbedeutend und vernachlässigbar. Eine Einführung in die nichtabbildenden Optik und ihrer Methoden findet man in [37].

Ein verbindendes Zielkriterium beim Entwurf nichtabbildender System ist die Forderung nach einer möglichst hohen optischen Effizienz. Der Entwurfsprozess nichtabbildender Systeme umfasst die Bestimmung einer adäquaten Kombination von Lichtquellen und optischen Komponenten, sowie deren Positionierung zueinander. Dies beinhaltet vor allem die geometrische Modellierung der Optiken und die lichttechnische Analyse des Gesamtsystems, welches eine Strahlungsverteilung möglichst effizient nach festgelegten Kriterien gezielt umformt.

2.2 PHOTOMETRISCHE GRÖSSEN

Im Rahmen dieser Arbeit werden die photometrischen Größen Lichtstrom, Beleuchtungs- und Lichtstärke verwendet. Der Lichtstrom Φ bezeichnet die mit der spektralen Hellempfindlichkeitskurve gewichtete Strahlungs-leistung einer Lichtquelle. Die Lichtstärke I entspricht dem Lichtstrom pro Raumwinkel. Die Beleuchtungsstärke E gibt Lichtstrom pro beleuchtete Fläche an. Die zugehörigen Einheiten lauten Lumen, Candela und Lux.

$$[\Phi] = \text{lm} \quad [I] = \frac{\text{lm}}{\text{sr}} = \text{cd} \quad [E] = \frac{\text{lm}}{\text{m}^2} = \text{lx} \qquad (2.1)$$

Weitere Informationen zu diesen und anderen photometrischen Größen, sowie den korrespondierenden radiometrischen Größen findet man in lichttechnischen Grundlagenbüchern, beispielsweise in [15].

Im weiteren Verlauf der Arbeit werden aus Gründen der leichteren Verständlichkeit nur photometrische Größen und Begriffe verwendet. Auf die Benutzung radiometrischer Größen und Begriffe wird verzichtet, obwohl dies ohne Einschränkungen möglich ist und zu identischen Ergebnissen führt.

2.3 LICHTTECHNISCHE BEGRIFFE

In diesem Abschnitt werden lichttechnische Begriffe in einer dem Verständnis dieser Arbeit dienlichen Art und Weise sinngemäß erläutert. Darüber hinaus erheben diese Erläuterungen jedoch keinen Anspruch auf Vollständigkeit beziehungsweise Allgemeingültigkeit.

2.3.1 LICHTVERTEILUNG

Der Begriff Lichtverteilung wird in dieser Arbeit allgemein für Beleuchtungs- und Lichtstärkeverteilungen verwendet. Beide repräsentieren die Verteilung der Strahlungsenergie. Beleuchtungsstärke-verteilungen E(u,v) sind auf Flächen definiert und im Allgemeinen ortsabhängig. Sie liefern keine Richtungsinformationen über die Strahlen, welche sie erzeugt haben. Lichtstärkeverteilungen I(θ,φ) hingegen sind über einen Raumwinkelbereich definiert und dementsprechend richtungsabhängig.

$$E(u,v) \qquad u, v \equiv \text{lokale Flächenkoordinaten}$$

$$I(\theta,\varphi) \qquad \theta \equiv \text{Polarwinkel}, \varphi \equiv \text{Azimutwinkel}$$

$$(2.2)$$

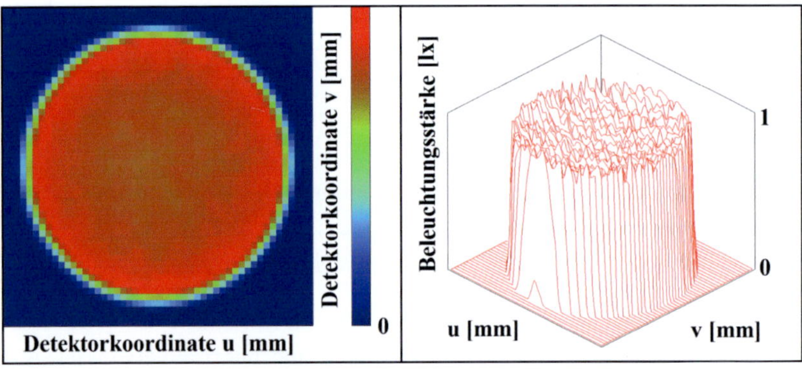

Abbildung 2.1: Beispiele für Lichtverteilungen
a) Beleuchtungsstärkeverteilung auf einem Detektor

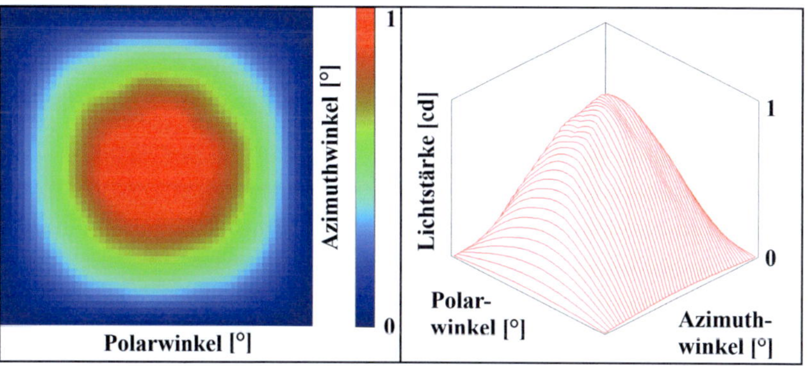

Abbildung 2.1:   b) Lichtstärkeverteilung einer Lichtquelle in Polarkoordinaten

2.3.2   STRAHL UND STRAHLENERGIE

Ein Strahl besteht aus einem Anfangspunkt und einem Richtungsvektor. In dieser Arbeit werden allen Strahlen prinzipiell Anteile des von der Lichtquelle emittierten Lichtstroms zugewiesen, so dass man von Lichtstrahlen sprechen kann. Jeder Strahl besitzt somit eine so genannte Strahlenergie. Im Folgenden werden die Begriffe Strahl und Lichtstrahl gleichbedeutend verwendet.

2.3.3   LICHTQUELLE UND DETEKTOR

In der geometrischen Optik stellt eine Lichtquelle die Gesamtheit aller Anfangspunkte der Strahlen dar. Darüber hinaus besitzt jede Lichtquelle eine Abstrahlcharakteristik. Darunter versteht man die vom Abstrahlwinkel abhängige Funktion der emittierten Lichtstärke. In dieser Arbeit sind Abstrahlcharakteristiken identisch mit Lichtstärkeverteilungen und werden im Folgenden Quelllichtverteilungen genannt. Die bekanntesten sind der isotrope Strahler, kurz Isostrahler, und der Lambertsche Strahler [15].

Lichtsenken sind das Gegenteil von Lichtquellen. Auf ihnen liegen die Endpunkte der Strahlen, nachdem diese das optische System durchquert haben. Lichtsenken werden im Allgemeinen als Detektoren oder Empfänger bezeichnet.

Die auftreffenden Lichtverteilungen werden in dieser Arbeit als Detektorlichtverteilungen bezeichnet. Dies können sowohl Beleuchtungsstärke- als auch Lichtstärkeverteilungen sein.

In der vorliegenden Arbeit werden zwei Empfängerarten, Beleuchtungs- und Lichtstärkedetektor, verwendet. Der Lichtstärkeempfänger detektiert die Fernfeldlichtverteilung eines optischen Systems. Sein Mittelpunkt ist identisch mit dem Koordinatenursprung und er besitzt theoretisch einen unendlich großen Radius. Das auf ihn treffende Licht wird als Lichtstärkeverteilung bezeichnet. Der Beleuchtungsstärkedetektor hingegen ist identisch mit einer beliebigen Fläche mit einem endlichen Abstand von der Lichtquelle. Die detektierte Lichtverteilung ist eine Beleuchtungsstärkeverteilung.

2.3.4 STRAHLPFAD

Der Pfad eines Strahls hat seinen Anfangspunkt in der Lichtquelle, welche er mit einer gegebenen Richtung verlässt. An optischen Flächen erfährt der Strahlpfad im Auftreffpunkt eine Richtungsänderung. Die Abschnitte zwischen zwei Richtungsänderungen werden Teilstrahlen genannt. Jeder Teilstrahl wird durch einen Startpunkt, einen Richtungsvektor und einen Endpunkt beschrieben.

Der erste Teilstrahl beginnt in der Lichtquelle und endet an der ersten optischen Fläche. Im Folgenden wird dieser Teilstrahl als Quellstrahl bezeichnet. Nachdem der Strahl das gesamte System durchlaufen hat, trifft er auf dem Detektor, wo er detektiert beziehungsweise absorbiert wird und folglich endet. Als Detektorstrahlen werden in dieser Arbeit jene Teilstrahlen bezeichnet, welche von der letzten optischen Fläche des Systems starten und anschließend auf den Detektor treffen.

Der vollständige Strahlpfad eines Strahls setzt sich aus allen Teilstrahlen zusammen. Er beginnt in der Lichtquelle und endet an der Lichtsenke, dem Detektor. Dies entspricht dem geometrischen Verlauf eines Strahls durch das optische System.

2.3.5 EINDEUTIGER STRAHLENGANG

Die Gesamtheit aller Strahlpfade im optischen System wird allgemein als Strahlengang bezeichnet. In der vorliegenden Arbeit ist die Eindeutigkeit des verwendeten Strahlengangs, im weiteren Verlauf „eindeutiger Strahlengang" genannt, von grundlegender Bedeutung. Hiermit ist folgender Sachverhalt gemeint. In der geometrischen Optik sind optische Flächen nicht in der Lage, Strahlen aus verschiedenen Richtungen, welche in einem Punkt gemeinsam auftreffen, in ein und dieselbe neue Richtung umzulenken. Die Berechnung der gesuchten optischen Fläche ist demzufolge aus mathematischen Gründen nur möglich, wenn an jedem Punkt der Fläche nur Strahlen mit identischem Richtungsvektor auftreffen. Dies ist eine Voraussetzung für die mathematische Eindeutigkeit der Lösung und stellt die physikalische Machbarkeit sicher.

2.4 NICHTABBILDENDE OPTISCHE SYSTEME

Ein Beleuchtungssystem besteht aus mindestens einer Lichtquelle und einem Detektor. Im Allgemeinen besitzt das System darüber hinaus noch optische Komponenten. Dies können zum Beispiel Spiegel, Linsen oder optische Blenden sein.

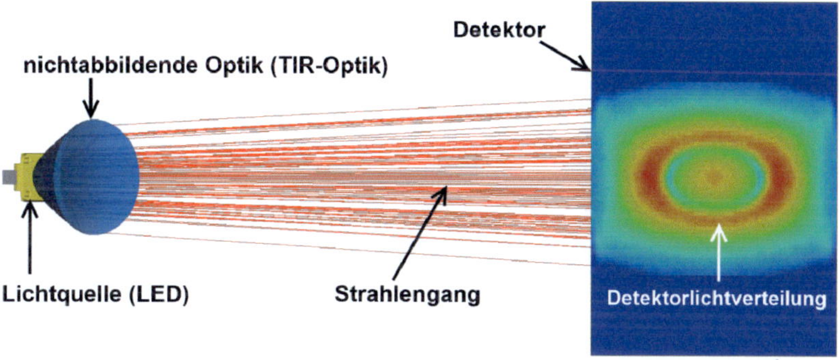

Abbildung 2.2:   Beispiel eines optischen Systems: Strahlen starten in der Lichtquelle, werden von einer nichtabbildenden Optik auf die zu beleuchtende Fläche umgelenkt

Das System besteht aus Körpern und einem umgebenden Medium, im Normalfall Luft. Ein Körper wiederum besteht ebenfalls aus einem

Medium, welches sein Volumen ausfüllt, das von der Körperoberfläche eingeschlossen wird. Diese stellt eine Grenzfläche zwischen verschiedenen Medien dar.

Sowohl Medien als auch Flächen besitzen optische Eigenschaften, welche sich auf den Strahlengang auswirken. Änderungen der Strahlpfade können sowohl in Volumen als auch auf Oberflächen auftreten. Dementsprechend werden optische Eigenschaften auch in Volumen- und Flächeneigenschaften unterteilt. Zu den Volumeneigenschaften gehören die Streuung an Streuzentren im Medium (Volumenstreuung), die Absorption beziehungsweise deren Kehrwert die Transmission [17]. Volumeneigenschaften sind weglängenabhängig und wirken sich hauptsächlich quantitativ auf den Strahlengang aus. Für den in dieser Arbeit betrachteten Entwurfsprozess sind sie als optische Parameter nicht geeignet.

2.5 FUNKTIONSPRINZIPIEN OPTISCHER FLÄCHEN

Im Bereich der makroskopischen und somit der geometrischen Optik sind die optischen Flächen die Stellen, an welchen die für den Optikentwickler interessanten Effekte stattfinden.

Die drei bedeutsamsten optischen Flächeneigenschaften sind die Reflexion an reflektierenden Oberflächen, die Lichtbrechung beim Übergang von einem transparenten Medium in ein anderes, auch Refraktion genannt, und die interne Totalreflexion (TIR) an der Grenzfläche vom optisch dichteren zum optisch dünneren Medium [21].

Optische Flächen haben in erster Linie qualitative Auswirkungen auf den Strahlengang. Einerseits erfahren die Lichtstrahlen beim Auftreffen eine Richtungsänderung infolge der optischen Flächeneigenschaften und andererseits verändert sich die Lichtverteilung in Abhängigkeit von der geometrischen Form der Fläche. Die Wirkung optischer Flächen setzt sich demzufolge aus der Umlenkung und der Umformung der Lichtverteilung zusammen. Das Zusammenspiel von geometrischen und flächenbasierten Eigenschaften macht das Funktionsprinzip optischer Flächen sehr wirkungsvoll. Mathematische Modelle ermöglichen es dem Optikentwickler, die einzelnen Geometrien der optischen Flächen zu kontrollieren und aufeinander abzustimmen.

2.5.1 STRAHLUMLENKUNG UND SNELLIUSSCHES BRECHUNGSGESETZ

An optischen Oberflächen stehen dem Optikentwickler die drei zuvor genannten Wirkprinzipien der Lichtumlenkung zur Verfügung. Diese können in beliebiger Art und Weise miteinander kombiniert werden, um einen Strahlengang und somit das optische System zu erzeugen. Die Oberfläche einer optischen Komponente kann auch aus Flächen mit verschiedenen Wirkprinzipien bestehen. Solche Komponenten werden als Hybridoptiken bezeichnet.

Mit dem Snelliusschen Brechungsgesetz

$$n_1 \cdot \sin(\alpha_1) = n_2 \cdot \sin(\alpha_2) \tag{2.3}$$

lässt sich die Umlenkung für jeden Strahl einzeln berechnen [21]. Der Einfalls- oder auch Eintrittswinkel wird mit α_1 und dementsprechend der Ausfalls- beziehungsweise Austrittswinkel mit α_2 bezeichnet. Des Weiteren sind n_1 und n_2 die Brechungsindizes der beiden optischen Medien. Aus ihnen lasst sich der relative Brechungsindex n bestimmen.

$$n = \frac{n_1}{n_2} \tag{2.4}$$

Der Richtungsvektor des Quellstrahls wird mit $\vec{q}$ und der des Detektorstrahls mit $\vec{d}$ bezeichnet. Für den Fall der Refraktion vom optisch dünneren in ein optisch dichteres Medium (Lichteintritt) ergibt sich im betrachteten Auftreffpunkt des Strahls der Normalenvektor $\vec{n}_{opt}$ der optischen Fläche zu

$$\vec{n}_{opt\ in} = \frac{\vec{d} - n \cdot \vec{q}}{\left| \vec{d} - n \cdot \vec{q} \right|} . \tag{2.5}$$

Für die Refraktion in ein optisch dünneres Medium (Lichtaustritt) gilt hingegen

$$\vec{n}_{\text{opt out}} = \frac{n \cdot \vec{d} - \vec{q}}{\left| n \cdot \vec{d} - \vec{q} \right|}. \tag{2.6}$$

Die Gleichung (2.5) gilt formal auch für die Fälle der internen Total- und der spekularen Reflexion (Einfalls- gleich Ausfallswinkel), wenn der relative Brechungsindex den Wert n= -1 annimmt. Die Gleichung verändert sich demzufolge zu

$$\vec{n}_{\text{opt refl}} = \frac{\vec{d} + n \cdot \vec{q}}{\left| \vec{d} + n \cdot \vec{q} \right|}. \tag{2.7}$$

Aufgrund dieser Eigenschaft wird im weiteren Verlauf der Arbeit der einfacheren Verständlichkeit wegen sowohl im Fall der refraktiven als auch der reflektiven Lichtumlenkung auf das Snelliussche Brechungsgesetz Bezug genommen.

Die Strahlumlenkung ist eine Funktion des lokalen Anstiegs der optischen Fläche im Auftreffpunkt des jeweiligen Lichtstrahls. Dieser Anstieg ist identisch mit der ersten Ableitung der Flächenfunktion.

2.5.2 STRAHLFORMUNG

Wie soeben angemerkt, bestimmt die Neigung der optischen Fläche in erster Linie, in welche Richtung die Lichtverteilung umgelenkt wird. Um darüber hinaus die Verteilung selbst zu ändern, ist es dahingegen erforderlich, alle Strahlen in Abhängigkeit voneinander umlenken zu können. Dies wiederum bedeutet, dass die lokalen Neigungen aller Auftreffpunkte in einer Abhängigkeit zueinander stehen müssen. Die Änderungen der lokalen Neigungen von einem Punkt zum nächsten, werden durch die zugehörigen Flächenkrümmungen bestimmt. Diese Krümmungsverteilung ist identisch mit der zweiten Ableitung der Flächenfunktion. Die Umformung der Quelllichtverteilung in die gewünschte Ziellichtverteilung wird also mittels einer Krümmungsverteilung auf der Freiformfläche erzeugt. Dieser Teil des Funktionsprinzips optischer Flächen wird im Folgenden als Strahlformung bezeichnet.

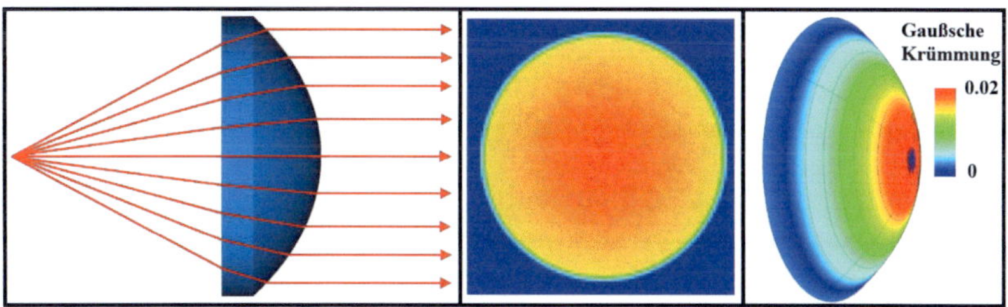

*Abbildung 2.3:   Strahlformung infolge Lichtbrechung an einer gekrümmten Fläche,
Detektorlichtverteilung und Krümmungsverteilung auf der Linsenoberfläche*

Um den Strahlengang eines optischen Systems umfassend kontrollieren zu können, muss der Optikentwickler an jeder Fläche die erforderliche Strahlumlenkung und die gewünschte Strahlformung durch eine adäquate Modellierung der Flächengeometrie sicherstellen.

2.5.3   STRAHLABSTANDSKONZEPT

Das Strahlabstandskonzept ist eine Möglichkeit, Lichtverteilungen anhand von Strahlen und der mit ihnen verknüpften Strahlenergien darzustellen. Darüber hinaus eignet es sich sehr gut zur Veranschaulichung des Funktionsprinzips der Strahlformung.

Wie bereits erwähnt wurde, ist jeder Strahl des Strahlengangs mit einer bestimmten Energiemenge, der Strahlenergie, verbunden, die er von der Lichtquelle zum Detektor transportiert. Infolgedessen besitzt der Strahlengang alle erforderlichen Informationen, um an jeder beliebigen Stelle des optischen Systems die lokale Energie- beziehungsweise Lichtverteilung bestimmen zu können.

Eine Lichtverteilung wird durch eine endliche Menge an Strahlen mit gegebenen Strahlenergien über einem abgeschlossenen Gebiet, welches eine Fläche oder ein Raumwinkelbereich sein kann, erzeugt. Die Abstände zwischen benachbarten Strahlen bestimmen die Beleuchtungs- oder Lichtstärkewerte am betrachteten Ort. Dicht beieinander liegende Strahlen, also Strahlen mit kleinen Abständen, erzeugen höhere Werte als Strahlen mit größeren Abständen. Dieser Sachverhalt wird in der vorliegenden Arbeit als Strahlabstandskonzept bezeichnet.

Um das volle Potential des Strahlabstandskonzepts ausschöpfen zu können, muss der Optikentwickler in der Lage sein, alle Strahlen zu kontrollieren und in die richtige Abhängigkeit zueinander zu setzen.

In der vorliegenden Arbeit werden Lichtquellen als Emitter definierter Lichtstärkeverteilungen angenommen. Optische Flächen formen diese um. Der Empfänger detektiert die umgeformte Lichtverteilung. Dieser Sachverhalt wird an dem folgenden kurzen Beispiel näher erläutert.

Ein Isostrahler emittiert Strahlen gleicher Strahlenergie und gleicher Strahlabstände. Das optische System verändert diese Strahlabstände unter Beibehaltung der einzelnen Strahlenergien. Die Lichtverteilung auf dem Empfänger weist in denjenigen Bereichen hohe Werte auf, in denen die Strahlabstände gering sind. Hingegen nimmt sie kleinere Werte in den Bereichen an, in denen die Strahlen weiter voneinander entfernt auftreffen. Die folgende Abbildung illustriert dies beispielhaft anhand der Umformung eines Isostrahlers in eine ring- und gaußförmige Ziellichtverteilung durch eine Linse.

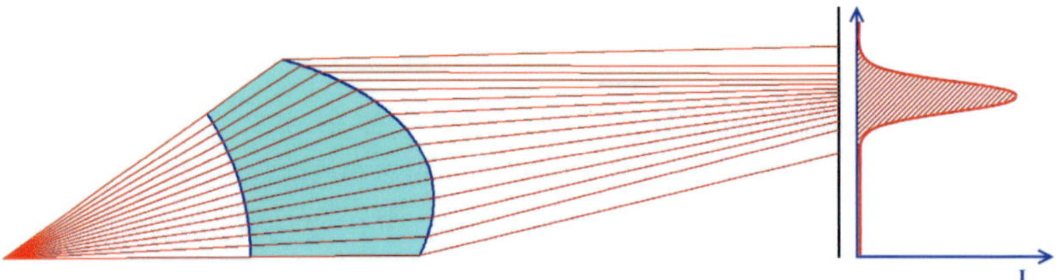

Abbildung 2.4: Strahlen gleicher Strahlenergie durchlaufen eine Linse und treffen auf den Detektor. Kleine Strahlabstände bewirken eine hohe Beleuchtungsstärke, größere hingegen eine geringere Beleuchtungsstärke.

Die Abbildung zeigt die obere Hälfte des Systemquerschnitts. Da generell bei rotationssymmetrischen Systemen die untere Hälfte der gespiegelten oberen entspricht, wird im weiteren Verlauf der Arbeit auf deren Darstellung verzichtet.

Das Strahlabstandskonzept ist nicht auf Isostrahler beschränkt, es kann auch auf Lichtquellen mit beliebigen Strahlabständen und Strahlenergien angewendet werden.

Zusammenfassend kann man sagen, dass sich das Funktionsprinzip optischer Oberflächen aus einer räumlichen Richtungsänderung und einer qualitativen Transformation der Lichtverteilung, der Strahlformung, zusammensetzt. Ersteres wird hauptsächlich durch die optischen Eigenschaften (insbesondere die Art der Lichtumlenkung), letzteres durch die Geometrie der Fläche bestimmt. Das Strahlabstandskonzept wird in dieser Arbeit als Beschreibungsansatz für Lichtverteilungen benutzt, um auf dieser Grundlage optische Systeme zu entwerfen.

Aufgrund der variablen Abstände zwischen den einzelnen Auftreffpunkten der Detektorstrahlen ist es grundsätzlich möglich, alle Quellstrahlen auf dem Detektor beliebig miteinander zu kombinieren. Für eine Strahlanzahl n existieren infolgedessen n! mögliche Strahlkombinationen. Das mathematische Problem ist unterbestimmt, wenn man den Strahlen nicht vorgibt, in welchen Punkten sie auf dem Detektor auftreffen sollen. Dies legt den Gedanken einer zusätzlichen Zuordnung zwischen den Quell- und den Detektorstrahlen nahe. In der Literatur finden sich einige Beiträge, welche derartige Zuordnungen mit Hilfe von iterativen Optimierungsalgorithmen oder Variationsansätzen durchführen [12], [32]. Eine Zielstellung dieser Arbeit besteht darin, ein Berechnungsverfahren für eine derartige Strahlzuordnung aufzustellen.

2.5.4 LEXIKOGRAPHISCH GEORDNETE STRAHLENMENGEN

Von Kapitel 4 an bis zum Ende der vorliegenden Arbeit wird bei der Modellierung von Lichtquellen folgende prinzipielle Annahme getroffen.

Lichtquellen emittieren endliche, lexikographisch geordnete Strahlenmengen mit den zugehörigen Strahlenergien.

Eine endliche Strahlenmenge besagt, dass die Menge der emittierten Strahlen aus einer festen Anzahl von Strahlen besteht. Diese Anzahl ist endlich und kann vom Optikentwickler festgelegt werden.

Die Anwendung einer Ordnungsrelation auf eine Menge liefert eine bestimmte Reihenfolge, in welcher die Mengenelemente angeordnet werden.

Die lexikographische Ordnung ist eine Methode, um die Elemente einer Menge in einer Reihenfolge anzuordnen, welche von mehr als einem Parameter abhängt.

Die Lichtquelle emittiert Strahlen in bestimmte Richtungen. Die Richtungsvektoren der Strahlen besitzen zwei Parameter, den Polarwinkel θ und den Azimutwinkel φ. Eine Möglichkeit die Strahlenmenge lexikographisch zu ordnen besteht beispielsweise darin, den Polarwinkel θ von seinem Minimalwert streng monoton anwachsen zu lassen, während der Azimutwinkel φ konstant auf seinem Minimalwert bleibt. Hat der Polarwinkel θ seinen Maximalwert erreicht, so beginnt er wieder bei seinem Minimalwert, während der Azimutwinkel φ auf seinen nächsthöheren Wert ansteigt und wiederum konstant bleibt. Dies wiederholt sich solange, bis auch der Azimutwinkel φ seinen maximalen Wert erreicht hat.

2.6 FLÄCHENTYPEN DER NICHTABBILDENDEN OPTIK

Im Bereich der nichtabbildenden Optik erfolgt die Charakterisierung optischer Systeme unter anderem anhand der Flächentypen der optischen Komponenten. Je mehr Freiheitsgrade ein Flächentyp besitzt, desto mehr Möglichkeiten hat der Optikentwickler, die gegebene Lichtverteilung wunschgemäß umzuformen.

2.6.1 KEGELSCHNITTBASIERTE FLÄCHEN

Die Standardflächen der nichtabbildenden Optik basieren auf Kegelschnitten und sind rotationssymmetrisch [21]. Es handelt sich um die folgenden geometrischen Objekte: Sphären (Kugeln), Ellipsoide, Paraboloide und Hyperboloide. Die Besonderheit dieser Flächen besteht darin, dass sie zwei Fokuspunkte besitzen. (Paraboloide verfügen über einen Fokuspunkt im Endlichen und einen im Unendlichen.) Diese Spezialfälle haben für die Optik besondere Bedeutung. Lichtstrahlen, welche im ersten Fokuspunkt starten, werden alle im zweiten Fokuspunkt wieder zusammengeführt. Diese Eigenschaft ermöglicht es dem Optikentwickler mit diesen mathematisch einfach zu beschreibenden Flächen, Licht gezielt von einem Ort zu einem zweiten Ort zu lenken. Die Richtungsumlenkung des Lichts ist mit diesen Standardflächen sehr gut handhabbar. Die Strahlformung lässt sich dahingegen lediglich über die konische Konstante in einem geringen Maß beeinflussen.

2.6.2 ROTATIONSSYMMETRISCHE POLYNOMFLÄCHEN

Rotationssymmetrische Polynomflächen, häufig auch Asphären genannt, sind eine Erweiterung der kegelschnittbasierten Standardflächen. Sie besitzen zusätzliche Polynomterme höherer Ordnung, welche die zugrunde liegenden Standardflächen deformieren und folglich die Designfreiheit des Entwicklers bezüglich der Strahlformung erhöhen. Mathematisch werden sie durch die Asphärengleichung beschrieben.

$$
\begin{aligned}
y(z) &= A_2 \cdot z^2 + A_4 \cdot z^4 + A_6 \cdot z^6 + \ldots \\
&= \frac{1}{R\left(1 + \sqrt{1 - (1+k) \cdot \left(\dfrac{z}{R}\right)^2}\right)} \cdot z^2 + A_4 \cdot z^4 + A_6 \cdot z^6 + \ldots
\end{aligned} \tag{2.8}
$$

Die konische Konstante k bestimmt die Form der Kurve und der Scheitelradius R ihre Größe. Die Standardfälle aus dem Abschnitt 2.6.1 lassen sich allein mit dem ersten rechtsseitigen Term in Gleichung (2.8) anhand der konischen Konstante k darstellen. Für Kreise gilt $k = 0$, für Ellipsen $-1 < k < 0$ und $k > 0$, für Parabeln $k = -1$ und für Hyperbeln $-1 < k$. Die weiteren Terme in Gleichung (2.8) stellen die Polynomterme höherer Ordnung dar.

Polynomflächen werden in der Beleuchtungsoptik unter anderem zur Systemanpassung an ausgedehnte Lichtquellen und zur Erzeugung homogener Lichtverteilungen eingesetzt. Hierfür sind sie sehr gut geeignet, da man mit ihnen die geringen Abweichungen der weiter außen liegenden Strahlen vom gewünschten Strahlengang durch geringfügige Flächendeformationen korrigieren kann. Die Bestimmung der Koeffizienten A_i für die Terme höherer Ordnung erfolgt im Allgemeinen durch iterative Optimierungsverfahren.

2.6.3 GLOBAL UND ABSCHNITTSWEISE DEFINIERTE FLÄCHEN

Die in den beiden vorangegangenen Abschnitten vorgestellten Standardflächentypen sind global definierte Flächen. Das bedeutet, die gesamte Fläche wird durch eine einzige Funktion beschrieben und die Fläche ist auch nur global beeinflussbar.

In der nichtabbildenden Optik besteht die Aufgabe darin, eine bestimmte Fläche beziehungsweise einen Raumwinkelbereich zu beleuchten und darüber hinaus eine bestimmte Lichtverteilung innerhalb dieses Gebiets zu formen. Zu diesem Zweck ist es vorteilhaft, wenn die Strahlpfade unabhängig voneinander beeinflussbar sind. Dies wiederum erfordert von der optischen Fläche weitere, nur lokal wirkende, Freiheitsgrade.

Eine geeignete Möglichkeit dies umzusetzen besteht darin, die optische Fläche anstatt mit einer globalen Polynomfunktion mit mehreren separaten und abschnittsweise definierten Polynomfunktionen zu beschreiben. Man vollzieht somit den Übergang von global definierten zu lokal beeinflussbaren Flächen. Auf diese Art gewinnt man viele zusätzliche, lokal wirksame Freiheitsgrade. Aus diesem Grund sind abschnittsweise definierte Flächen deutlich flexibler als global definierte Polynomflächen. Man kann sie als einen universellen Flächentyp ansehen, welcher alle weiteren genannten Flächentypen als Spezialfälle beinhaltet. In Abbildung 2.5 ist eine Übersicht zu sehen, welche die Menge aller Flächen in global und abschnittsweise definierte Flächentypen unterteilt und die bekanntesten als Untermengen enthält.

Global definierte Flächen besitzen den Vorteil, mittels einiger weniger Parameter vollständig modellierbar zu sein. Beim Übergang von global zu abschnittsweise definierten Flächenfunktionen, verliert beispielsweise die Brennweite ihre charakteristische Bedeutung für die optische Fläche. Man kann zwar noch von lokalen Brennweiten sprechen, dafür gibt es in dieser Arbeit jedoch keinen Grund. Es sei jedoch erwähnt, dass Entwurfsverfahren existieren, welche auf diesen lokalen Brennweiten basieren [13], [22].

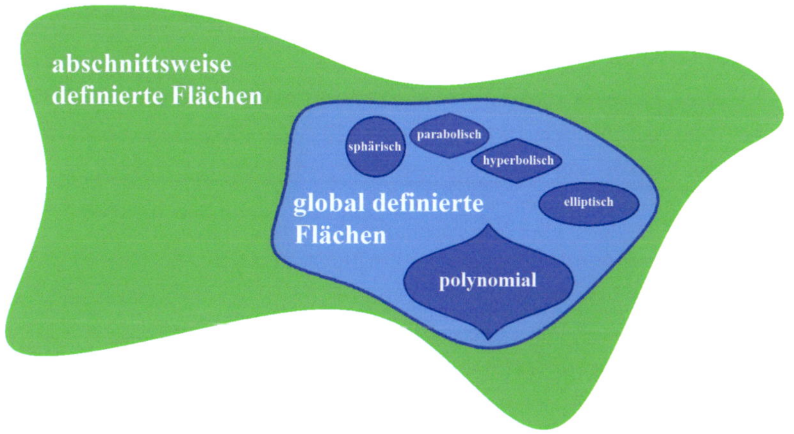

Abbildung 2.5: Systematische Einordnung von Flächentypen

Abschnittsweise definierte Polynomflächen lassen sich nur mit vielen Parametern repräsentieren. Sie besitzen dafür jedoch den großen Vorteil lokal sehr flexibel und infolgedessen den Erfordernissen des Optikentwicklers optimal anpassbar zu sein. Lokal beeinflussbare Flächen ermöglichen es dem Entwickler beispielsweise, Flächenbereiche, welche bereits das Licht wie gewünscht umlenken, konstant zu halten und nur die übrigen Bereiche zu ändern. Bei global definierten Flächen ist dies nicht möglich, da sich eine Änderung immer auf die gesamte Fläche auswirkt.

Zusammenfassend bleibt festzuhalten, dass man mit abschnittsweise definierten Flächen alle global definierten Flächen exakt nachmodellieren kann.

2.6.4 FREIFORMFLÄCHEN

Seit einigen Jahren erfreut sich der Begriff „Freiformfläche" im Bereich der Optikentwicklung stetig wachsender Beliebtheit, ohne allgemeingültig definiert zu sein. Er wird meist als Oberbegriff für alle optischen Flächen verwendet, welche über die kegelschnittbasierten Standardflächen hinausgehen.

Im Gegensatz dazu werden in der vorliegenden Arbeit alle abschnittsweise definierten Flächen als Freiformflächen bezeichnet. Diese mathematisch motivierte Charakterisierung schließt kegelschnittbasierte, global definierte sowie rotationssymmetrische Flächen als Spezialfälle mit ein. Aus diesem Grund werden in der vorliegenden Arbeit diese Flächen auch nicht als Lösungen ausgeschlossen.

Zur Darstellung von Freiformflächen haben sich abschnittsweise definierte Polynomfunktionen als besonders geeignet erwiesen. Die Gesamtheit der Polynomabschnitte, welche eine Fläche beschreiben, wird Spline genannt [11]. Die Handhabung von Splinekurven und -flächen ist sehr komfortabel und erfolgt mittels Knoten- und Kontrollpunkten. An den Knotenpunkten gehen die Polynomabschnitte kontinuierlich ineinander über. Die Kontrollpunkte hingegen stellen Gewichte dar, die die Form der Kurve oder der Fläche lokal beeinflussen. Des Weiteren bestimmen sie, wie weit sich die lokale Polynomfunktion in die benachbarten Polynomfunktionen hinein auswirkt. Somit vereinen Splines hohe Flexibilität mit guter Kontrollierbarkeit [11].

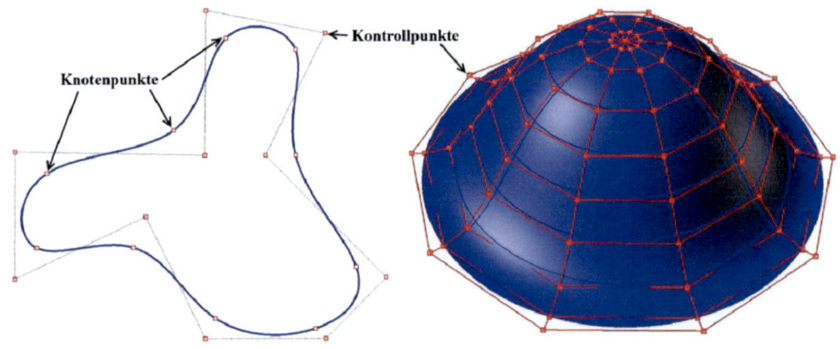

Abbildung 2.6: Veranschaulichung von Splines
a) Splinekurve (blau) mit Knoten- und Kontrollpunkten (rot)
b) Splinefläche (blau) mit Kontrollpunktnetz (rot)

Splines sind sehr hilfreich für die Approximation von Datenpunkten. Mit ihnen können zum Beispiel Querschnittskurven und Oberflächen, aber auch Quell- und Ziellichtverteilungen sehr einfach modelliert werden.

In dieser Arbeit werden B-Splines verwendet. Diese sind eine spezielle Art der Non Uniform Rational B-Splines (NURBS), welche in allen gängigen CAD-Programmen implementiert sind. Eine detaillierte Behandlung von B-Splines und NURBS findet man in [27]. Zwei weit verbreitete und herstellerunabhängige CAD-Dateiformate sind IGES (International Graphics Exchange Specification) und STEP (Standard for the Exchange of Product Model Data). In dieser Arbeit wird das IGES-Format verwendet. Die Spezifikationen zu diesem Dateiformat stehen öffentlich zur Verfügung [44].

Bereits seit vielen Jahren sind Splines als Flächentyp in kommerziellen „Computer Aided Design" (CAD) Softwarepaketen implementiert. Vielfältige Anwendung finden sie beispielsweise beim virtuellen Entwurf von Flugzeugen und Automobilen. In CAD-Programmen erfolgt die Modellierung von Splinekurven und –flächen größtenteils intuitiv. Der Konstrukteur kann durch Verschieben der einzelnen Kontrollpunkte mit der Maus („Drag and Drop") direkten Einfluss auf die Geometrie der Splines nehmen. Die resultierenden Geometrieänderungen werden sofort auf dem Monitor dargestellt. Auf diese Art und Weise hat der Konstrukteur die volle Kontrolle, ohne sich um die dahinter stehenden Polynomfunktionen kümmern zu müssen.

Für den Optikentwickler besitzt diese Drag-and-Drop-Methode kaum eine praxisrelevante Bedeutung, da er in erster Linie an der Strahlformung infolge der Modifikation der Flächengeometrie interessiert ist. Deren Auswirkungen auf die Detektorlichtverteilung können jedoch nicht unmittelbar dargestellt werden, da hierfür erst eine lichttechnische Strahlverfolgungssimulation erforderlich ist.

Eine den Gegebenheiten des optischen Systems angepasste, direkte Berechnung der Splinegeometrien würde nicht nur sehr viel Entwicklungszeit einsparen sondern darüber hinaus auch bessere Ergebnisse liefern. Dies stellt ebenfalls eine weitere Motivation für die vorliegende Arbeit dar.

2.7 IDEALISIERTE OPTISCHE SYSTEME

Der in dieser Arbeit vorgestellte Maßberechnungsalgorithmus basiert auf der Annahme idealisierter optischer Komponenten. Der Entwurfsprozess eines nichtabbildenden optischen Systems beginnt im Allgemeinen mit der Formung des gewünschten Strahlengangs von einer Komponente zur nächsten. Hierfür ist es vorteilhaft in den ersten Entwurfsphasen zunächst nur die lichtumlenkenden Eigenschaften der optischen Flächen zu berücksichtigen. Wird das Modell des optischen Systems auf die Geometrien seiner Bestandteile und deren grundlegenden optischen Flächeneigenschaften reduziert, so spricht man von idealisierten Komponenten. Die Betrachtung eines solchen vereinfachten Modells ermöglicht dem Entwickler einen tieferen Einblick in das Zusammenwirken der einzelnen Komponenten und somit die Formung des Strahlengangs. Diese, auf die lichtumlenkenden Eigenschaften reduzierte, Betrachtungsweise ermöglicht einen zeiteffizienten Kreislauf aus Design und Analyse.

Für die zur Modellbildung verwendeten idealisierten, optischen Flächen werden die folgenden Eigenschaften angenommen. Sie besitzen weder makroskopische noch mikroskopische Oberflächenrauhigkeiten. Somit können keine Oberflächenstreuungen im Modell auftreten. Diese Eigenschaft wird als „optisch glatt" bezeichnet. Weiterhin wird angenommen, dass die Lichtumlenkung an der Fläche ideal, das bedeutet verlustfrei, verläuft. Die Lichtumlenkung funktioniert also entweder ideal (total-) reflektiv oder ideal refraktiv. Eine Fläche kann aber auch ideal absorbierend sein. Optische Medien werden als ideal transmittierend angenommen. Auch hierbei wird angenommen, dass innerhalb der Medien keine Streuzentren existieren.

Mit idealisierten optischen Flächen und Medien lassen sich idealisierte optische Komponenten modellieren. Nahe liegend sind zunächst lichtumlenkende Elemente wie zum Beispiel Reflektoren, Linsen, Lichtleiter und Hybridoptiken. Aber auch Lichtquellen und Detektoren können als ideale Elemente modelliert werden. Wichtige Vorraussetzung für diese Arbeit sind idealisierte Lichtquellen, welche den Lichtstrom mit einer zugewiesenen Abstrahlcharakteristik emittieren. Das Gegenstück hierzu stellt der Detektor in Form eines idealen Absorbers dar.

2.8 SEQUENTIELLE UND NICHTSEQUENTIELLE STRAHLVERFOLGUNG

Im Verlauf des Entwurfsprozesses werden optische Systeme mehrfach lichttechnischen Simulationen unterzogen, um ihr Verhalten qualitativ und quantitativ analysieren zu können. Lichttechnische Simulationen werden mit dem Verfahren der Strahlverfolgung (englisch: raytracing) durchgeführt [1], [16].

Mit Hilfe der Strahlverfolgung werden die Strahlpfade aller Quellstrahlen durch das optische System berechnet. Im ersten Schritt wird der Schnittpunkt eines Quellstrahls mit der nächsten optischen Fläche im Strahlengang bestimmt. Anschließend wird die Flächennormale in diesem Punkt berechnet und der neue Richtungsvektor des nächsten Teilstrahls nach dem Snelliusschen Brechungsgesetz bestimmt [36]. Dies wird so lange wiederholt, bis der Strahl entweder keinen weiteren Schnittpunkt mit einer optischen Fläche des Systems besitzt oder auf den Detektor beziehungsweise eine absorbierende Fläche trifft. Diese Vorgehensweise wird für alle Quellstrahlen separat durchgeführt.

Prinzipiell unterscheidet man zwischen sequentieller und nichtsequentieller Strahlverfolgung. Beim sequentiellen Raytracing treffen die Strahlen jede Fläche genau einmal in vorgegebener Reihenfolge. Strahlen, die in falscher Reihenfolge auf die Flächen treffen, werden ungültig. Die Reihenfolge in der die Strahlen die Flächen treffen ist in der abbildenden Optik sehr wichtig. Denn alle Strahlen, die diese nicht einhalten, beeinträchtigen die Abbildungsqualität.

Beim nichtsequentiellen Raytracing hingegen ist die Reihenfolge, in der Flächen passiert werden sollen, nicht festgelegt. Ein Strahl kann eine Fläche auch mehrmals treffen, zum Beispiel innerhalb eines Lichtleiters. Die nichtsequentielle Strahlverfolgung ist ein wesentlicher Bestandteil des Entwicklungsprozesses nichtabbildender optischer Systeme.

Beim sequentiellen Raytracing wird für den betrachteten Quellstrahl der Schnittpunkt mit der ersten optischen Fläche bestimmt. In diesem Punkt wird der Strahl gebrochen oder reflektiert. Danach wird der Schnittpunkt des neuen Teilstrahls mit der zweiten optischen Fläche berechnet. Dies wird so oft wiederholt, bis der Strahl den Detektor erreicht.

Im Gegensatz zu dieser Vorgehensweise werden beim nichtsequentiellen Raytracing für jeden Teilstrahl die Schnittpunkte mit allen optischen Flächen des Systems berechnet. Für den neuen Teilstrahl wird jedoch nur der Schnittpunkt ausgewählt, der am nächsten liegt. Anschließend werden für den neuen Teilstrahl erneut alle Schnittpunkte mit allen Flächen bestimmt und der mit der kürzesten Entfernung ausgewählt. Aufgrund dieser großen Anzahl an Schnittpunktberechnungen erfordert nichtsequentielles Raytracing deutlich mehr Rechenzeit. Mit steigender Flächenanzahl im System steigt diese annähernd quadratisch an.

KAPITEL 3

ENTWURFSMETHODEN DER BELEUCHTUNGSOPTIK

In diesem Kapitel wird der für diese Arbeit relevante Wissensstand bezüglich allgemeiner Entwurfsmethoden für nichtabbildende optische Systeme dargestellt.

Im Unterkapitel „Virtuelles Prototyping" wird auf den Stand der Entwurfstechnik optischer Systeme eingegangen, welcher allgemein in Form von Lehrbuchwissen und insbesondere von kommerziellen Simulationsprogrammen zugänglich ist. Im Anschluss werden einige fortgeschrittenere Entwurfsmethoden optischer Flächen vorgestellt, welche den Stand der Wissenschaft bezüglich der Aufgabenstellung dieser Arbeit darstellen.

3.1 VIRTUELLES PROTOTYPING

Mit dem Aufkommen der digitalen Rechentechnik verbesserten sich die Voraussetzungen zur Konstruktion komplexer optischer Systeme erheblich. Leistungsstarke lichttechnische Simulationsprogramme, welche unter dem Begriff „Computer Aided Lighting" (CAL) zusammengefasst werden, haben Bleistift, Lineal, Zirkel und Winkelmesser aus der Modellierung optischer Systeme weitestgehend verdrängt. In CAL-Programmen lassen sich optische Systeme sehr anschaulich durch CAD-Modelle, Strahlverläufe und simulierten Lichtverteilungen darstellen.

In den CAL-Programmen sind nicht nur die Grundlagen der geometrischen Optik implementiert, darüber hinaus sind auch fortgeschrittene Simulations- und Auswertetools enthalten. Diese ermöglichen es dem Entwickler bereits im virtuellen Stadium das System-verhalten sehr realistisch zu analysieren. Der Entwurfsprozess am Rechner wird infolgedessen auch als virtuelles Prototyping bezeichnet.

Seit ihrer Einführung in den 1990-er Jahren nehmen CAL-Programme dem Optikentwickler immer mehr mathematische Aufgaben während des Entwurfsprozesses ab und erlauben ihm, anstatt dessen mehr Zeit für die anwendungsspezifischen Feinheiten des jeweiligen Systems aufzuwenden. Virtuelles Prototyping ist heute Stand der Technik und wird bereits sehr früh im Entwicklungsprozess eingesetzt. Nicht nur die optischen Systemeffizienzen sind seitdem deutlich angestiegen, auch die Bearbeitungszeiträume haben sich erheblich verkürzt.

3.1.1 ENTWURFSPHASEN IM ENTWICKLUNGSPROZESS

Der Entwurf ist der wichtigste Teil der gesamten Entwicklung des optischen Systems. Im Folgenden werden die einzelnen Phasen kurz erläutert.

Um eine Beleuchtungsaufgabe zu erfüllen, sind oft mehrere Möglichkeiten denkbar. Daher überprüft man am Beginn des Entwurfsprozesses in der ersten Phase unterschiedliche Funktionsprinzipien hinsichtlich ihrer grundsätzlichen Eignung. Aus diesen wählt der Optikentwickler ein optisches Funktionsprinzip aus, das am Erfolg versprechendsten erscheint. Da dies bis hierhin nur einen groben Vergleich darstellt, sind detaillierte Modelle der einzelnen Systemkomponenten noch nicht erforderlich. Zu diesem Zeitpunkt sind einfache Punktlichtquellenmodelle wie der Isostrahler oder der Lambertstrahler völlig ausreichend. Im Verlauf der Entwicklung steigt dann mit jeder Entwurfsphase der Detaillierungsgrad für eine adäquate Modellierung des optischen Systems an.

In der zweiten Phase wird das zu entwickelnde optische System vereinfacht und idealisiert modelliert. Dabei sollten bereits in dieser frühen Phase alle relevanten Erfordernisse, wie zum Beispiel der zur Verfügung stehende Bauraum, berücksichtigt werden. Dieses idealisierte System, bestehend aus einem detaillierteren Lichtquellenmodell, beispielsweise eine Punktlichtquelle mit einer zugewiesenen Abstrahlcharakteristik aus dem entsprechenden Datenblatt, den optischen Komponenten und dem Empfänger wird einer ersten lichttechnischen Simulation und Analyse unterzogen.

Nun beginnt eine Schleife im Entwurfsprozess, in welcher die Auswirkungen ausgewählter Systemparameter auf die Lichtverteilung mittels zahlreichen Strahlverfolgungssimulationen und Zwischenanalysen untersucht werden. Im Verlaufe dieser Iteration werden die voneinander abhängigen Parameterwerte optimiert. Ziel ist die Bestimmung einer Parameterkombination, welche die Beleuchtungsaufgabe unter den gegebenen Bedingungen möglichst effizient erfüllt.

Funktioniert das idealisierte System zufrieden stellend, beginnt man das System schrittweise realistischer zu modellieren. Mit Beginn dieser Entwurfsphase ist es angebracht, die Simulationen mit einem realistischen Lichtquellenmodell durchzuführen, welches zusätzlich die räumliche Ausdehnung der Lichtquelle berücksichtigt, um deren Einfluss auf das System nicht unbeabsichtigt zu vernachlässigen. Anschließend wird erneut eine Feinabstimmung der Parameter vorgenommen. Es ist auch möglich, dass in diesem Schritt andere Parameter als zuvor variiert werden. Auf diese Art und Weise nähert man sich immer weiter dem finalen, realistischen optischen System an, welches seine Tauglichkeit in einer Abschlussanalyse beweisen muss.

Dann folgt eine entscheidende Phase. Es wird ein optischer Prototyp hergestellt und lichttechnisch vermessen. Diese Ergebnisse fließen, falls erforderlich, in eine Überarbeitung des Entwurfs ein, in welcher letzte Korrekturen vorgenommen werden. Damit ist der Entwurfsprozess abgeschlossen, jedoch nicht die Entwicklung an sich.

Es gibt zwei prinzipielle Vorgehensweisen, um den eben beschriebenen iterativen Teil des Entwurfsprozesses zu bearbeiten. Bei der so genannten „Versuch-und-Irrtum-Methode" ändert der Designer selbst ausgewählte Parameter intuitiv, führt eine lichttechnische Simulation durch, analysiert deren Ergebnisse und passt im nächsten Iterationsschritt die Parameter erneut an. Diese Prozessschleife wird solange durchlaufen, bis die Simulationsergebnisse den Erwartungen entsprechen. Hier kommt die ganze Erfahrung des Optikentwicklers zum Tragen. Ein Vorteil dieser Methode ist, dass man zu Beginn des Designprozesses große Fortschritte erzielt und man nach jeder Iteration direkt die Auswirkungen sicht. Zum

Ende hin steigt jedoch der Zeitaufwand immer weiter an, um die Parameterkombination noch weiter zu optimieren.

Die zweite Entwurfsmöglichkeit stellt die automatische Optimierung dar. Hier übernimmt ein iterativer Algorithmus die Variation der optischen Parameter. Nach jeder Variation wird eine Strahlverfolgungssimulation durchgeführt. Deren Ergebnis wird automatisch mittels einer zuvor vom Entwickler definierten Zielfunktion bewertet und dementsprechend die Parameter geändert. Diese Iteration läuft solange, bis ein zuvor festgelegtes Abbruchkriterium erreicht wird. Dies kann eine bestimmte Anzahl an Iterationsschritten sein oder die Verbesserung der Zielfunktion erreicht nicht mehr das geforderte Mindestmaß.

Wichtig für eine Erfolg versprechende Optimierung sind ein geeignetes Modell des Startsystems, die Wahl der geeigneten Parameter und die Definition einer adäquaten Zielfunktion. All dies muss der Entwickler zuvor selbst leisten. Nur wenn diese Punkte erfüllt sind, kann die automatische Optimierung zu dem gewünschten Ergebnis führen. Darüber hinaus ist sehr viel Erfahrung mit Optimierungsstrategien notwendig, um ein System zeiteffizient optimieren zu können. Aus diesem Grund ist die automatische Optimierung als eine Expertenmethode anzusehen.

Grundsätzlich können alle bekannten Optimierungsalgorithmen in der Optikentwicklung angewendet werden. Die Modellierung optischer Freiformflächen, welche sehr detailreiche Lichtverteilungen erzeugen sollen, mittels automatischer Optimierungsverfahren ist nicht sinnvoll, da die erforderliche Anzahl an Flächenparametern viel zu groß ist.

Unter Anwendung der automatischen Optimierung lässt sich insbesondere die Endphase des Entwurfsprozesses zeiteffizient durchführen, wenn nur noch geringe Variationen der Parameterwerte untersucht werden. In der Anfangsphase hingegen lassen sich schneller Fortschritte durch intuitive Änderungen des erfahrenen Entwicklers erzielen. Die Kombination aus „Versuch-und-Irrtum-Methode" zu Beginn und automatischer Optimierung im späteren Verlauf des Entwurfsprozesses verspricht eine zeiteffiziente Entwicklung des Systems.

Die iterative Bestimmung der optimalen Kombination der geometrischen Parameter der gesuchten optischen Flächen ist nicht nur grundlegender Bestandteil des gesamten Entwicklungsprozesses, er nimmt darüber hinaus auch einen beträchtlichen Anteil der Gesamtbearbeitungszeit ein. Aufgrund dessen ist der Kreislauf aus Parameteränderung, Strahlverfolgungssimulation und lichttechnischer Analyse ein hoher Kostenfaktor der gesamten Entwicklung. Auch an diesen Punkt setzt die Aufgabenstellung dieser Arbeit an, um eine wesentliche Verbesserung des Entwurfsprozesses zu leisten.

3.1.2 SOFTWAREGESTÜTZTE MODELLIERUNG UND ANALYSE OPTISCHER SYSTEME

In diesem Abschnitt werden die typischen Bestandteile von CAL-Programmen genannt und die damit einhergehenden Entwurfsmöglichkeiten kurz erläutert. Verbreitete kommerzielle CAL-Programme sind beispielsweise FRED (Photon Engineering), LucidShape (Brandenburg GmbH), SPEOS (OPTIS), LigthTools (Optical Research Associates), ZEMAX (ZEMAX Development Corporation) und ASAP (Breault Research Organization).

Man beginnt zunächst damit, das optische System aus geometrischen Objekten aufzubauen. Diese können mit so genannten CAD-Modellierern erzeugt werden. Zu diesem Zweck verfügen die meisten Programme über Makros zur Erzeugung geometrischer Grundkörper, denen der Nutzer die erforderlichen Parameter und Koordinaten eingeben muss. Darüber hinaus können mehrere geometrische Objekte mittels Boolscher Operationen miteinander kombiniert und folglich komplexere Körper generiert werden. Die Möglichkeiten der programminternen CAD-Modellierer sind jedoch begrenzt. Wenn die Systeme zu komplex werden, ist es meist zeitsparender, das System erst in einem externen CAD-Programm zu modellieren und anschließend in das CAL-Programm zu importieren. Einige Programme bieten dafür inzwischen auch speziell angepasste Schnittstellen zu bestimmten CAD-Programmen an.

Für die automatisierte Modellierung von optischen Standardkomponenten, wie Reflektoren, Linsen und Prismen, sowie Lichtquellen stehen ebenfalls Makros zur Verfügung. Der einfachste Fall ist eine Punktlichtquelle, welcher eine zugehörige Abstrahlcharakteristik vorgeben wird. Alternativ ist es auch möglich einen existierenden Strahldatensatz (englisch: rayfile) als Lichtquelle zu importieren. Darüber hinaus kann der CAD-Modellierer genutzt werden, um die Geometrie der lichtemittierenden Oberflächen ausgedehnter Lichtquellen nachzumodellieren. Der Optikentwickler kann den einzelnen Flächen dabei einen Flächentyp zuweisen, welche er im Allgemeinen aus den Standardflächentypen auswählen kann.

Im zweiten Schritt werden den Oberflächen und den Volumen der erzeugten Objekte optische Eigenschaften zugewiesen. Dies sind insbesondere die wellenlängenabhängigen Brechungsindizes, die Reflexions- und die Absorptionskoeffizienten sowie die Beschichtungs- und Streueigenschaften. Viele dieser optischen Eigenschaften sind bereits in den CAL-Programmen implementiert. Nach der Definition von mindestens einem Detektor ist die lichttechnische Modellierung des Basissystems abgeschlossen.

Anschließend wird die lichttechnische Simulation durchgeführt. Hierfür werden viele Startstrahlen in der Lichtquelle erzeugt. Ein Strahl-verfolgungsalgorithmus berechnet schrittweise deren Verläufe durch das System, beginnend bei der Lichtquelle bis zum Empfänger. An den Schnittpunkten der Teilstrahlen mit optischen Flächen werden die Strahlen entweder gebrochen, reflektiert, absorbiert oder gestreut. Im nächsten Schritt wird diese Berechnung ebenfalls für alle neuen Teilstrahlen durchgeführt. Dies wird so oft wiederholt, bis jeder Strahl entweder auf dem Detektor angekommen ist, beziehungsweise keine der anderen Flächen mehr trifft [36].

Die Simulationsergebnisse berechnen sich aus der Anzahl und der Verteilung der auf dem Detektor auftreffenden Strahlen und ihrer zugehörigen Strahlenergie. Ein großer Vorteil der CAL-Programme ist, dass man beliebig viele Empfänger auf jeder gewünschten Fläche im

System platzieren kann. Dass erleichtert deutlich die Analyse eines Systems insbesondere im Hinblick auf Lichtverluste.

Beim virtuellen Entwurf nichtabbildender Systeme werden vorwiegend nichtsequentielle Strahlverfolgungssimulationen angewendet. Dies ist angebracht, um bereits frühzeitig einen Eindruck vom realistischen Verhalten des Systems zu bekommen. Je realistischer das Modell wird, desto mehr Strahlen sollten simuliert werden. Dies gilt insbesondere für Streulichtanalysen des Systems. Für eine realistische Analyse ist oft eine Simulation mit mehreren Millionen Strahlen erforderlich.

Die virtuellen Modellierungsmöglichkeiten aktueller CAL-Programme sind soweit fortgeschritten, dass die Simulationsergebnisse der Realität sehr nahe kommen können. Dies setzt einerseits ein realitätsnahes Modell des Systems und andererseits die Berechnung einer ausreichenden Anzahl von Strahlverläufen voraus. Für Analysezwecke ist dies äußerst hilfreich. Für den Entwurf optischer Systeme sind derart detailgetreue Modelle hingegen nicht geeignet, da sie zu komplex aufgebaut sind. Um die Auswirkungen der optischen Systemparameter zu untersuchen, ist es vorteilhafter, sich in der Entwurfsphase vereinfachter Modelle zu bedienen, welche auf die wesentlichen Parameter reduziert sind.

Virtuelles Prototyping ist wesentlich kostengünstiger und zeiteffizienter als die Herstellung mehrerer realer Prototypen. Das Gesamtergebnis einer Simulation lässt sich sehr leicht nach verschiedenen Ursachen differenzieren. Am Computer kann man sich ebenfalls die Verlust-mechanismen eines Systems besser vor Augen führen. Einzelne fehlgeleitete Strahlpfade und ihre quantitativen Auswirkungen erkennt man in der Simulation wesentlich einfacher und schneller als bei einem realen Prototyp.

Zusammenfassend kann man über die CAD-Modellierungsmöglichkeiten aktueller kommerzieller CAL-Programme sagen, dass diese weitestgehend auf einfache, mit wenigen Parametern beschreibbare Flächentypen begrenzt sind. Splineflächen, mit denen Freiformflächen modelliert werden können, sind zwar bereits Bestandteil einiger CAL-Programme, jedoch stellen sie den Optikentwickler beim praktischen Entwurf vor große Probleme bezüglich ihrer geometrischen Auslegung. Dies liegt darin begründet, dass CAL-Programme in erster Linie zur Analyse von optischen Systemen gemacht sind. Aus diesem Grund hängt der Erfolg einer Entwicklung in hohem Maße vom Fachwissen und vom Erfahrungsschatz des Optikentwicklers ab.

3.2 FORTGESCHRITTENE ENTWURFSMETHODEN OPTISCHER FLÄCHEN

Für die allgemeine Aufgabenstellung der Beleuchtungstechnik wurde bereits eine Vielzahl an Entwurfsverfahren veröffentlicht, welche den Entwicklungsprozess eines optischen Systems erheblich unterstützen können.

In diesem Abschnitt wird eine Auswahl an fortgeschrittenen Entwurfsmethoden angeführt, welche aus Sicht des Autors Ähnlichkeiten oder Gemeinsamkeiten mit dem in dieser Arbeit vorgestellten Verfahren besitzen. Die Methoden werden in der zeitlichen Reihenfolge ihres Erscheinens angeführt. Prinzipiell liegen diesen vier Verfahren Modellierungsansätze zugrunde, welche auf eine direkte Lösung des Problems abzielen. Zur Bestimmung der gesuchten Lösungen werden dann jedoch in den meisten Fällen wiederum iterativen Verfahren angewendet.

Die vorgestellten Verfahren stellen den aktuellen Stand der Wissenschaft bezüglich direkter Entwurfsmethoden von nichtabbildenden optischen Systemen dar. Darunter werden Methoden verstanden, deren Funktionsprinzipien zwar bereits publiziert wurden, welche jedoch nicht, beispielsweise in Form von Softwaretools, der Allgemeinheit zugänglich sind.

3.2.1 RANDSTRAHLENPRINZIP

Das Prinzip der Randstrahlen (englisch: edge rays) fand insbesondere in den 1990-er Jahren breite Anwendung auf dem Gebiet der Konzentration von Sonnenstrahlung und bildete die Grundlage mehrerer Entwurfsmethoden für rotationssymmetrische reflektive Solarkonzentratoren [19]. Die Umkehrung dieses Funktionsprinzips kann aber auch für den Entwurf von Reflektoren für die Beleuchtungsoptik angewendet werden [18], [31]. Der zugrunde liegende Gedanke lautet, alle Strahlen, welche vom Rand einer ausgedehnten Lichtquelle ausgehen, treffen im Zielgebiet (Detektor) ebenfalls auf dem Rand auf [37].

Im Grunde genommen entspricht dies einer einfachen Zuordnungsvorschrift für die Randstrahlen des optischen Systems. Für alle anderen Strahlen werden dahingegen keine dementsprechenden Vorgaben festgelegt. Die Berechnung des Reflektorquerschnitts liefert eine Lösung, welche die von den Randstrahlen der Lichtquelle eingeschlossenen Quellstrahlen derart auf den Detektor umlenkt, so dass diese auch auf dem Detektor von den auftreffenden Randstrahlen eingeschlossen sind. Demzufolge kommen alle Lichtstrahlen auf dem Detektor an.

Der Optikentwickler kann nur auf die Randstrahlen direkten Einfluss nehmen. Die von den Randstrahlen eingeschlossene Detektorlichtverteilung kann er nicht gezielt kontrollieren. Diese kann er nur indirekt ändern, indem er die Zuordnung der Randstrahlen der Lichtquelle zu denen des Detektors variiert. Die Vorgabe, wo die einzelnen Randstrahlen auf den Detektorrand treffen, wirkt sich auf die gesamte Detektorlichtverteilung aus. Aus diesem Grund ist eine iterative Optimierung erforderlich, bis man eine adäquate Zuordnung für die Randstrahlen gefunden hat, welche auch die gewünschte Gesamtlichtverteilung annähernd erzeugt.

Das Randstrahlenprinzip hat den Vorteil, dass es auf ausgedehnte Quellen angewandt werden kann. Ein deutlicher Nachteil besteht jedoch darin, dass die Form der Detektorlichtverteilung im Inneren zwischen den Randstrahlen nicht gezielt kontrolliert werden kann. Deshalb eignet sich dieses Verfahren zwar sehr gut zur Konstruktion von Kollektoren, es ist jedoch nur eingeschränkt hilfreich zum Entwerfen von Beleuchtungssystemen. Die Zielstellung lautet hier, eine möglichst homogene Ausleuchtung zu erzeugen. Dazu bedarf es allerdings einer zeitaufwändigen Optimierung. Beim Entwurf von Solarkollektoren hingegen ist nicht die Homogenität der Lichtverteilung auf dem Detektor von entscheidender Bedeutung sondern die erreichte Konzentration der Sonnenstrahlung.

3.2.2 SIMULTAN-MULTIPLE-SURFACE-METHODE

Die Simultan-Multiple-Surface-Methode (SMS-Methode) von Benitez und Minano [1] ist ein auf dem Randstrahlenprinzip basierender Algorithmus, welcher abschnittsweise die Querschnitte zweier voneinander abhängiger optischer Flächen berechnet. Dabei kommt ein ganz spezieller Flächentyp, die kartesischen Ovale, zur Anwendung. Diese besitzen die optische Eigenschaft, beliebige sphärische Wellenfronten in andere beliebige sphärische Wellenfronten umzuformen. Aufgrund dessen sind mit der SMS-Methode homogene Lichtverteilungen einfacher zu erzeugen als beispielsweise mit dem Randstrahlenprinzip allein.

Aus dem verwendeten Flächentyp resultiert eine weitere Eigenschaft der SMS-Methode. Es werden immer genau zwei Flächenabschnitte simultan berechnet. Beide Flächensegmente sind Teil eines kartesischen Ovals. An einer Seite tritt das Licht ein und an der gegenüberliegenden Seite tritt es anschließend wieder aus. Die ausgedehnte Lichtquelle wird durch zwei ideale Punktlichtquellen beschrieben, welche an den gegenüberliegenden Rändern positioniert sind.

In [2] wird die Erweiterung der SMS-Methode auf dreidimensionale Flächen beschrieben. Die Approximation der erhaltenen Punktewolke erfolgt mit Flächenstücken aus kartesischen Ovalen. Diese werden mit einem aufwändigen, iterativen Verfahren bestimmt.

Die SMS-Methode besitzt ebenso wie das zugrunde liegende Randstrahlenprinzip den prinzipiellen Nachteil, dass der Optikentwickler nur einen stark eingeschränkten Einfluss auf die zu erzeugende Lichtverteilung hat.

3.2.3 DIFFERENTIALGEOMETRISCHES MAßSCHNEIDERN MIT WELLENFRONTEN

Einen bedeutenden Beitrag lieferten Ries und Muschaweck mit der in [29] beschriebenen Maßschneider-Methode. Zur Modellierung der Aufgabenstellung wird anstelle von Strahlen das Wellenfrontkonzept verwendet. Wellenfronten verlaufen stets senkrecht zu Lichtstrahlen [21]. Die Ausbreitung wird in jedem Punkt durch eine Normale und die zugehörige

Hauptkrümmung beschrieben. Die Lichtstärke in Richtung der Strahlen hängt von der Krümmung der Wellenfront im betrachteten Punkt ab. Ist die Krümmung gleich Null, verlaufen die Strahlen parallel und die Lichtstärke ist konstant. Bei positiver Krümmung der Wellenfront divergieren die Strahlen und somit verringert sich die Lichtstärke in Strahlrichtung. Bei negativer Krümmung hingegen konvergieren die Strahlen und der Wert der Lichtstärke steigt an.

Die gesuchte Fläche besteht aus einer Punktmenge und den sie beschreibenden Eigenschaften (Koordinaten, Normalen und Hauptkrümmungen) und lässt sich mit einem Tensor beschreiben. An der gesuchten optischen Fläche wird die auftreffende Wellenfront entsprechend dem Brechungsgesetz gebrochen beziehungsweise reflektiert. Daraus ergeben sich Beziehungen zwischen den Krümmungstensoren der auftreffenden und der ausgehenden Wellenfront sowie dem Krümmungstensor der zu bestimmenden Fläche.

Diese Beziehungen leiten Ries und Muschaweck mit Methoden der Differentialgeometrie her und formulieren sie in einem einzigen System aus nichtlinearen, partiellen Differentialgleichungen zweiter Ordnung. Aus Grunden der mathematischen Eindeutigkeit der Lösung kann dieses Verfahren nur ideale Punktquellen als Lichtquellen verwenden. Mit den entsprechenden Nebenbedingungen ist das aufgestellte Differentialgleichungssystem eindeutig lösbar [29].

Das Verfahren besitzt den Vorteil, dass prinzipiell eine vorgegebene detailreiche Lichtverteilung exakt erzeugt werden kann. Der Nachteil besteht in der Komplexität der mathematischen Formulierung der Aufgabenstellung. Diese stellt sehr hohe, beziehungsweise im Allgemeinen zu hohe, Anforderungen an das Lösungsverfahren. Die Lösung des partiellen, nichtlinearen Differentialgleichungssystems zweiter Ordnung beispielsweise mit der Finiten-Differenzen-Methode ist äußerst aufwändig und gelingt nicht immer.

3.2.4 INTEGRABLE-MAPS-METHODE

In 2010, also zeitlich parallel zur Entstehung der vorliegenden Arbeit, veröffentlichten Fournier, Cassarly und Rolland [13], [14] ein Verfahren zum Entwurf von Reflektoren. Dieses teilt, ebenso wie der in dieser Arbeit vorgestellte Algorithmus, das Gesamtproblem in zwei nacheinander zu bearbeitende Schritte auf.

Zuerst erfolgt die Bestimmung einer speziellen Transformationsvorschrift, der „integrierbaren Abbildung" (englisch: integrable map), welche die von der Lichtquelle emittierte Lichtverteilung in die gewünschte Detektorlichtverteilung umwandelt. Im zweiten Schritt wird eine Punktwolke der zugehörigen Reflektorfläche konstruiert und anschließend mit einem Spline approximiert.

Die Bestimmung der integrierbaren Abbildung erfolgt unter Anwendung der Methode der unterstützenden Ellipsoide (englisch: method of supporting ellipsoids), welche von Oliker entwickelt und 2002 veröffentlicht wurde [22]. Diese Methode basiert auf der Eigenschaft, dass Ellipsoide zwei Fokuspunkte besitzen. Zuerst wird ein facettierter Reflektor erstellt, dessen Facetten aus Ellipsoidflächen bestehen. Ein Fokuspunkt jeder Ellipsoidfacette liegt in der Lichtquellenposition. Die anderen Fokuspunkte der einzelnen Facetten werden gleichmäßig auf dem Detektor verteilt.

Diese Anordnung bildet das Startdesign für die anschließende iterative Optimierung, welche durch Strahlverfolgungssimulationen die lichttechnischen Auswirkungen der untersuchten Parametervariationen bestimmt. Die Zielstellung lautet, die Parameter der Ellipsoidfacetten so zu optimieren, dass auf dem Detektor die gewünschte Lichtverteilung in einer guten Näherung erzeugt wird. Dazu können die Positionen der Fokuspunkte auf dem Detektor und die individuellen Größen der Ellipsoidfacetten (erfasster Lichtstrom) variiert werden.

Im Ergebnis liefert die Optimierung einen facettierten Ellipsoidreflektor und darüber hinaus eine diskrete Abbildung (englisch: mapping), welche Fournier, Cassarly und Rolland interpolieren, um eine kontinuierliche

Abbildungsfunktion zu erhalten. Diese wird einer weiteren Optimierung unterzogen, welche zum Ziel hat, dass die Abbildungsvorschrift die Integrabilitätsbedingung [13] erfüllt. Der Grund hierfür liegt darin, dass nur Abbildungen mit kontinuierlichen Reflektorflächen umsetzbar sind, welche diese spezielle Bedingung erfüllen [13].

Die optimierte „integrierbare Abbildungsfunktion" dient als eine Eingangsgröße für die Generierung der Reflektorfläche. Diese erfolgt ausgehend von einem geeigneten Startpunkt mittels eines iterativen Konstruktionsalgorithmus und liefert eine geometrisch konstruierte Punktwolke, welche abschließend mit einem Spline zur Reflektorfläche approximiert wird.

Fournier, Cassarly und Rolland merken an, dass die Methode der integrierbaren Abbildungen prinzipiell auch auf refraktive Flächen angewendet werden könnte. In diesem Fall würden Facetten aus kartesischen Ovalen die Ellipsoidfacetten ersetzen. Diese Erweiterung wurde allerdings noch nicht gezeigt.

3.3 FERTIGUNGSTECHNOLOGIEN

Die Fertigung optischer Bauteile ist sehr viel aufwändiger als die mechanischer Teile. Der Grund hierfür ist, dass eine hohe Oberflächengüte und gleichzeitig eine sehr hohe Formgenauigkeit erreicht werden muss. Die Oberflächengüte ist erforderlich, damit möglichst wenig Streulicht entsteht. Eine geringe Formabweichung sorgt dafür, dass der Strahlengang korrekt geformt wird.

Die Simulationsprogramme aber auch die Fertigungstechniken sind heute so weit fortgeschritten, dass bereits die Vermessung erster Prototypen meist schon sehr gute Übereinstimmungen mit den Simulationsergebnissen zeigt.

Optische Komponenten können aus Metallen, optischen Gläsern und Kunststoffen hergestellt werden. Dabei sind folgende Möglichkeiten gegeben: aus Vollmaterial: Schleifen und Polieren, Blankpressen, Drehen mit Präzisionsdrehmaschinen und Hydroforming. Des Weiteren gibt es auch die Möglichkeit des Kunststoffspritzguss.

Bei formgebenden Verfahren bedarf es einer entsprechenden Negativfläche im Werkzeug. Bei spanenden Verfahren mit Ultra-Präzisionsmaschinen müssen die Fahrwege der Diamantdreh- und Fräsköpfe so gewählt werden, dass am Ende die gewünschte symmetrielose Fläche entsteht [23]. Dies ist ein höchst dynamisches Problem. Diese Verfahren der Werkzeugherstellung sind sehr aufwändig und teuer. Große Stückzahlen lassen sich dennoch kostengünstig mittels Kunststoffspritzguss oder Glasblankpressen herstellen, wenn die erforderlichen Werkzeuge dazu gefertigt wurden.

Die Herstellung translations- und rotationssymmetrischer optischer Komponenten ist seit vielen Jahren Stand der Technik. In jüngerer Vergangenheit haben aber auch Herstellungstechniken für symmetrielose Freiformoptiken Einzug gehalten. Die aktuellen Fertigungstechnologien sind demzufolge so weit fortgeschritten, dass Freiformoptiken auch in sehr guter Qualität kostengünstig herstellbar sind.

KAPITEL 4

MAßBERECHNUNG OPTISCHER SYSTEME

In der vorliegenden Arbeit wird das Strahlabstandskonzept angewendet, um einen mathematischen Zusammenhang zwischen der gegebenen Lichtverteilung, welche von der Lichtquelle emittiert wird, und der gewünschten, welche am Detektor empfangen werden soll, herzustellen. Die dazu erforderliche Lichtumverteilung innerhalb des optischen Systems stellt aus mathematischer Sicht eine Transformation dar, welche mittels optischer Flächen umgesetzt werden kann. Das neu entwickelte Verfahren zur Berechnung der gesuchten Flächengeometrien wird im Folgenden „Maßberechnung" genannt.

Der Vorteil des Strahlabstandskonzepts besteht darin, dass jeder einzelne Strahl separat kontrollierbar und demzufolge einem bestimmten Punkt in der Lichtverteilung eindeutig zuordenbar ist. Auf dieser Eigenschaft des Strahlabstandskonzepts basiert das vorgeschlagene mathematische Modell der Maßberechnung, welches nur eine einzige spezielle Lösung aus dem gesamten Lösungsraum liefert.

4.1 KONZEPT DER ORDNUNGSERHALTENDEN STRAHLZUORDNUNG

Voraussetzung für die Anwendung des Strahlabstandskonzepts bei der direkten Maßberechnung von Optiken ist, dass allen Strahlen ihr jeweiliger Weg durch das optische System, also der vollständige Strahlengang, vorgegeben wird. Dazu gehört insbesondere, dass jedem einzelnen Quellstrahl genau ein Endpunkt auf dem Detektor zugeordnet wird, in welchem er aufzutreffen hat, damit die gewünschte Lichtverteilung erzeugt wird. Diese eindeutige Zuordnung ist notwendig, damit das mathematische Problem nicht unterbestimmt ist. Im Folgenden wird diese Transformationsvorschrift als Strahlzuordnung bezeichnet. Die Aufgabe des optischen Systems besteht darin, diese Transformation unter den gegebenen Bedingungen umzusetzen.

Im Grundlagenkapitel wurde bereits erläutert, dass Lichtverteilungen mit Hilfe von Strahlen, deren Strahlenergien und den Abständen der Strahlen zueinander erzeugt werden können. Dieser Modellierungsansatz wird im Folgenden angewendet, um beliebige Lichtverteilungen in beliebige andere Lichtverteilung zu transformieren.

Die Anzahl der Strahlen und ihre jeweiligen Strahlenergien sind fest vorgegeben. Dahingegen sind die Abstände zwischen den Strahlen beliebig variabel. Durch Änderung der Strahlabstände kann die zu erzeugende Lichtverteilung beliebig umgeformt werden. Die Strahlabstands-änderungen unterliegen nur wenigen Einschränkungen. Dies verleiht dem Strahlzuordnungsverfahren prinzipiell eine nahezu unbegrenzte Flexibilität hinsichtlich der Verteilungstransformation. Dies ist eine wesentliche Eigenschaft des in diesem Abschnitt vorgestellten Konzepts der ordnungserhaltenden Strahlzuordnung.

Für die Berechnung der Strahlzuordnung ist bereits die Kenntnis der gegebenen Quell- und der gewünschten Detektorlichtverteilung ausrei-chend. Informationen über die erst noch zu berechnende optische Fläche und das Gesamtsystem sind an dieser Stelle noch nicht erforderlich.

Für den gesamten weiteren Verlauf der Arbeit werden folgende Punkte vorausgesetzt.

1. Jede Lichtquelle emittiert eine endliche, lexikographisch geordnete Menge an Strahlen mit den zugehörigen Strahlenergien.

2. Die emittierte Quell- und die gewünschte Detektorlichtverteilung sind mit mindestens einfach stetig differenzierbaren Funktionen beschreibbar.

Des Weiteren wird folgende Forderung an die Strahlzuordnung gestellt. Die lexikografische Ordnung der Strahlenmenge bleibt während der Transformation von der Quell- in die Detektorlichtverteilung erhalten.

Dies ist gewährleistet, wenn alle Strahlen in der identischen Reihenfolge am Detektor auftreffen, in der sie von der Lichtquelle aus gestartet sind. Erfüllt die Strahlzuordnung diese Bedingung, so stellt sie eine isomorphe Transformation dar, welche das optische System umsetzen soll.

Die Forderung nach dem Erhalt der lexikographischen Ordnung der Strahlenmenge hat zwei wichtige Konsequenzen für den zu entwerfenden Strahlengang.

Erstens, zwischen der Lichtquelle und dem Detektor können die Strahlen nicht ihre Reihenfolge ändern. Dies eröffnet die Möglichkeit, einen direkten mathematischen Zusammenhang zwischen den Lichtverteilungsfunktionen der Lichtquelle und des Detektors herzustellen. Darüber hinaus entfällt der bei weitem größte Anteil aller möglichen Lösungen aus dem Lösungsraum.

Zweitens, der optische Pfad eines Strahls durch das optische System weicht nur geringfügig von denen seiner Nachbarstrahlen ab. Dies wiederum bedeutet, dass von einem Strahl zum nächsten die Änderung der Strahlumlenkung gering ist. Benachbarte Strahlen laufen also entweder aufeinander zu, voneinander weg oder verlaufen zueinander parallel. Die Reihenfolgen ändern dürfen Strahlen hingegen nur außerhalb des betrachteten Systems (nur hinter dem Detektor und der Lichtquelle). Dies ist eine wichtige Voraussetzung, um kontinuierliche Fläche erhalten zu können.

Infolge der Ordnungserhaltung ergeben sich als Lösung nur Strahlzuordnungen, welche mit mindestens zweifach stetig differenzierbaren Flächen umsetzbar sind. Diese Eigenschaft stellt auch aus Sicht der Fertigung einen bedeutenden Vorzug dar. Werkzeuge für die Fertigung optischer Komponenten mit kontinuierlichen Flächen sind mit deutlich geringerem Aufwand und Toleranzen herstellbar als für Komponenten mit nichtkontinuierlichen Flächen.

Die Forderung nach Erhaltung der lexikographischen Ordnung allein ist nicht ausreichend für eine eindeutige Lösung der Strahlzuordnung. Erst die zusätzliche Vorgabe einer geeigneten Anfangsbedingung führt dazu, dass das mathematische Problem bestimmt wird und folglich eine eindeutige Lösung existiert.

Zur Veranschaulichung dieses Sachverhaltes dient das folgende Beispiel. Mit dem Strahlzuordnungsverfahren wird eine gegebene Quell- in die gewünschte Detektorlichtverteilung transformiert. Dabei kann sich der Strahlengang unter Erhaltung der Ordnung um die optische Achse verdrehen. Dies stellt eine Torsion dar. Solange der Torsionswinkel beliebig sein darf, sind theoretisch unendlich viele Lösungen möglich. Die Vorgabe eines festen Wertes für den Torsionswinkel führt hingegen zu einer eindeutigen Lösung.

Im Falle rotationssymmetrischer Systeme ist es bereits ausreichend, vorzugeben dass der Mittelpunktsstrahl der Quelle im Mittelpunkt des Detektors auftreffen muss. Für nichtrotationssymmetrische Systeme sind dagegen komplexere Anfangsbedingungen erforderlich. Eine Möglichkeit besteht darin, die Strahlzuordnung entlang einer Verbindungslinie auf dem Detektor vorzugeben, welche mit dem Mittelpunktstrahl beginnt und mit einem Randstrahl endet.

Das Konzept der ordnungserhaltenden Strahlzuordnung besitzt zwei große Vorteile. Es funktioniert unabhängig von dem zu entwerfenden System und es ermöglicht eine sehr große Flexibilität bezüglich der Transformation beliebiger Lichtverteilungen. Infolgedessen ergeben sich für den Optikentwickler neue Freiheiten im Entwurfsprozess.

Dieser Abschnitt lässt sich wie folgt zusammenfassen. Zur Beschreibung von Lichtverteilungen werden endliche, lexikographisch geordnete Strahlenmengen und das Strahlabstandskonzept kombiniert. An die Strahlzuordnung wird die Forderung gestellt, dass die lexikographische Ordnung der Strahlverteilung während der Transformation erhalten bleibt. Im Zusammenwirken mit der Vorgabe einer Anfangsbedingung führt dies zur Bestimmtheit des mathematischen Problems und dementsprechend existiert eine eindeutige Lösung. Im Ergebnis liefert die Strahlzuordnung die Transformationsvorschrift, welche das optische System umsetzen muss, um aus der von der Lichtquelle emittierten Strahlenmenge die gewünschte Detektorlichtverteilung zu erzeugen.

Die Verwendung stetig differenzierbarer Lichtverteilungsfunktionen hat zur Folge, dass das Ergebnis der ordnungserhaltenden Strahlzuordnung ebenfalls eine stetig differenzierbare Funktion ist. An dieser Stelle sei vorweggenommen, dass diese Eigenschaft für den gesamten Maßberechnungsalgorithmus überaus bedeutsam ist. Die erhaltene kontinuierliche Strahlzuordnungsfunktion dient als Eingangsgröße für die anschließende Flächenberechnung. Diese liefert infolgedessen ebenfalls eine stetig differenzierbare Funktion für die gesuchte Freiformfläche. Aus diesem Grund muss bei der hier vorgestellten Maßberechnungsmethode die Integrabilitätsbedingung (im Gegensatz zu den Verfahren nach Ries, Muschaweck [29] und Fournier, Cassarly, Rolland [13], [14]) nicht erst in Form einer zusätzlichen Gleichung gefordert werden, sondern die Lösung erfüllt diese automatisch und ohne weiteres Zutun.

4.2 MAßBERECHNUNG ROTATIONSSYMMETRISCHER OPTISCHER KOMPONENTEN

Der Spezialfall rotationssymmetrischer Systeme besitzt für die Optikfertigung große Bedeutung, da sich rotationssymmetrische Flächen sehr viel einfacher herstellen lassen als nichtrotationssymmetrische [36]. Im weiteren Verlauf dieses Kapitels wird ein Algorithmus zur Maßberechnung rotationssymmetrischer Freiformflächen in Systemen mit Beleuchtungsstärkedetektoren hergeleitet. Dessen Verständnis bildet die Grundlage für die Erweiterung auf den allgemeinen Fall optischer Flächen ohne Rotationssymmetrie, welche im nächsten Kapitel anhand des Lichtstärkedetektorfalls demonstriert wird.

Im Fall rotationssymmetrischer Systeme sind der gesamte Strahlengang, die Quell- und die Detektorlichtverteilung, sowie alle optischen Komponenten rotationssymmetrisch zur optischen Achse. Infolgedessen vereinfacht sich die Aufgabenstellung zu einem zweidimensionalen (2D) Problem. Der im Folgenden vorgestellte Algorithmus wird als 2D-Maßberechnung bezeichnet. Mit ihm lassen sich Freiformkurven berechnen, welche anschließend durch Rotation um die optische Achse in optische Flächen überführt werden.

4.2.1 SYSTEME MIT EINER OPTISCHEN FLÄCHE

In Abbildung 4.1 ist eine Querschnittshälfte eines rotationssymmetrischen Systems skizziert, welches sich auf den 2D-Fall vereinfachen lässt. Um eine Differentialgleichung für das System aufstellen zu können, müssen alle Größen als Funktion eines Parameters dargestellt werden. Generell bietet sich hierfür der Winkel θ an, welcher zwischen der optischen Achse und dem jeweiligen betrachteten Quelllichtstrahl $\vec{S}_q(\theta)$ eingeschlossen ist [36]. Wird das System in sphärischen Koordinaten dargestellt und ist die Lichtquelle Q im Koordinatenursprung positioniert, so ist θ mit dem Polarwinkel identisch.

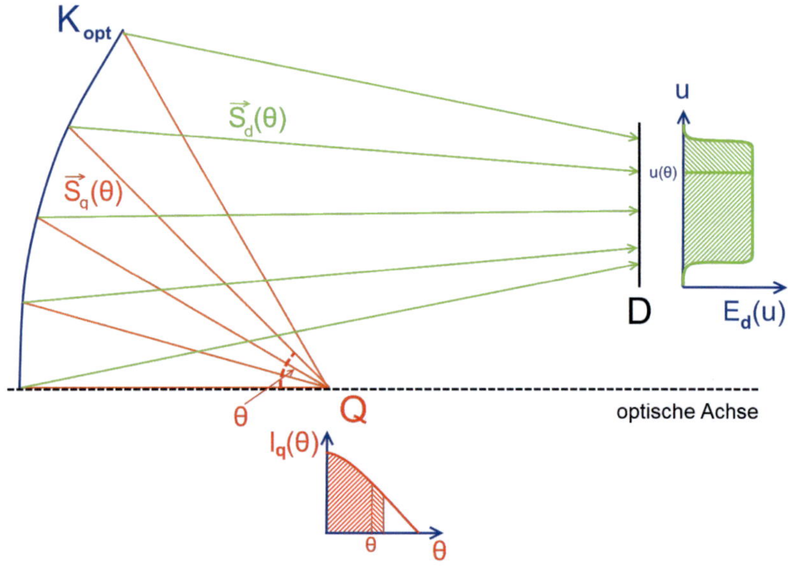

Abbildung 4.1:   Strahlengang bestehend aus den Teilstrahlenmengen der Quell- und der Detektorstrahlen innerhalb eines rotationssymmetrischen Systems mit Beleuchtungsstärkedetektor

Im Folgenden kennzeichnet der Index q alle Größen, die mit der Lichtquelle in Zusammenhang stehen. Den Index d erhalten Größen, welche mit dem Detektor in Verbindung stehen. Größen, die mit der zu berechnenden optischen Freiformkurve in direktem Zusammenhang stehen, werden durch den Index opt charakterisiert. Normierte Vektoren werden durch Kleinbuchstaben gekennzeichnet. Zur Veranschaulichung der Strahlenreihenfolge innerhalb der kontinuierlichen, lexikographisch geordneten Strahlenmenge werden in den folgenden Abbildungen nur einzelne, diskrete Strahlen dargestellt.

Von der Punktlichtquelle Q wird die Lichtstärkeverteilung $I_q(\theta)$ emittiert. Die Menge der Quellstrahlen $\vec{S_q}(\theta)$ wird auf der optischen Kurve K_{opt} exakt so umgelenkt, dass die Detektorstrahlen $\vec{S_d}(\theta)$ auf dem Beleuchtungsstärkedetektor D die gewünschte Ziellichtverteilung $E_d(u)$ erzeugen. Dabei stellt u den Ort auf dem Detektor dar. In den Abbildungen 4.1 und 4.2 ist der Detektor D in der einfachsten Form, einer ebenen Fläche, abgebildet.

Betrachtet wird eine endliche, lexikographisch geordnete Menge an Quellstrahlen $\vec{S_q}(\theta)$. Dieser wird eine ebenfalls endliche Strahlenmenge $\vec{S_d}(\theta)$ mit der identischen lexikographischen Ordnung zugeordnet. Beide Strahlenmengen beinhalten die gleiche Anzahl an Strahlen. Die Reihenfolge der Strahlen innerhalb der lexikographisch geordneten Strahlenmenge wird durch den Zählindex i des Parameters θ gekennzeichnet.

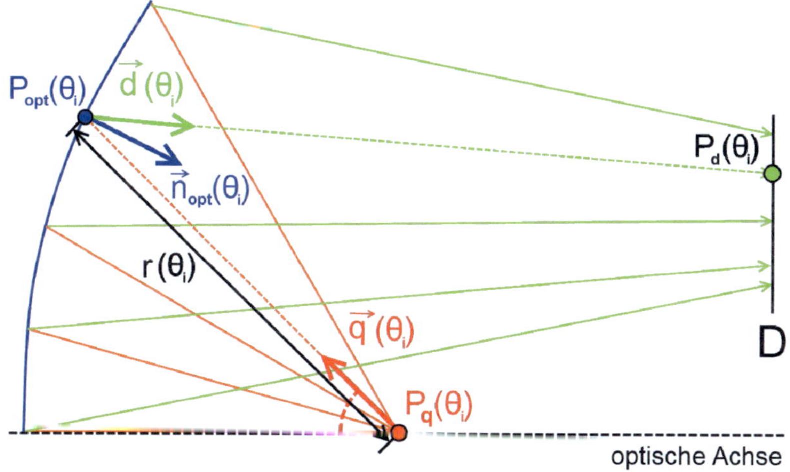

Abbildung 4.2: Prinzipdarstellung der einzelnen Strahlengrößen in Abhängigkeit vom Zählindex i

Ein Quellstrahl $\vec{S_q}(\theta)$ besitzt den Startpunkt $P_q(\theta)$, den Richtungsvektor $\vec{q} = \vec{q}(\theta)$ und die Länge $r = r(\theta)$.

$$\vec{S_q}(\theta) = P_q(\theta) + r(\theta) \cdot \vec{q}(\theta) \qquad (4.1)$$

Der Quellstrahl trifft die optische Kurve K_{opt} im Punkt $P_{opt}(\theta)$. Dort wird er gemäß dem Brechungsgesetz (2.3) und der lokalen Kurvennormalen $\vec{n}_{opt}(\theta)$ auf den Detektor D umgelenkt und erhält den Richtungsvektor $\vec{d} = \vec{d}(\theta)$. Dieser neue Teilstrahl mit der Strahllänge $t(\theta)$ stellt den Detektorstrahl $\vec{S_d}(\theta)$ dar.

$$\vec{S_d}(\theta) = P_{opt}(\theta) + t(\theta) \cdot \vec{d}(\theta) \qquad (4.2)$$

In diesem System mit lediglich einer optischen Fläche bilden die beiden Mengen der Teilstrahlen $\vec{S_q}(\theta)$ und $\vec{S_d}(\theta)$ den gesamten Strahlengang von der Lichtquelle bis zum Detektor.

Die Maßberechnung der Freiformkurve K_{opt} erfolgt in zwei Schritten. Zuerst wird die ordnungserhaltende Strahlzuordnung berechnet, die jedem Quellstrahl $\vec{S_q}(\theta)$ den zugehörigen Auftreffpunkt $P_d(\theta)$ auf dem Detektor vorgibt. Dies geschieht mittels der im folgenden Abschnitt hergeleiteten Differentialgleichung (4.6). Die erhaltene Strahlzuordnung dient anschließend als Eingangsgröße für den zweiten Schritt, der Berechnung der optischen Freiformkurve K_{opt}. Diese wird wiederum mit der im Abschnitt 4.2.3 hergeleiteten Differentialgleichung (4.15) bestimmt.

4.2.2 DIFFERENTIALGLEICHUNG ZUR BERECHNUNG DER STRAHLZUORDNUNG

In diesem Abschnitt wird die Differentialgleichung zur Bestimmung der Strahlzuordnung anhand photometrischer Größen hergeleitet. Dies wird am Beispiel des Beleuchtungsstärkedetektorfalls demonstriert.

Zuerst werden die Auftreffpunkte der Strahlen auf dem Beleuchtungsstärkedetektor aus der gewünschten Ziellichtverteilung $E_d(u)$ berechnet [36]. Jedem einzelnen Quellstrahl $\vec{S_q}(\theta)$ wird genau einen Auftreffpunkt $P_d(\theta)$ auf dem Detektor zugeordnet. Man erhält eine

Vorschrift, welche die gegebene winkelabhängige Lichtstärkeverteilung der Lichtquelle in eine ortsabhängige Beleuchtungsstärkeverteilung auf dem Detektor transformiert.

$$I_q(\theta) \xrightarrow{\text{Strahlzuordnung}} E_d(u) \qquad (4.3)$$

Unter der Annahme eines verlustfreien optischen Systems ist aufgrund der Energieerhaltung der von der Quelle emittierte Lichtstrom gleich dem auf dem Detektor auftreffenden Lichtstrom [36].

$$\Phi_q = \Phi_d \qquad (4.4)$$

Mit dem Raumwinkel Ω und der bestrahlten Detektorfläche A ergibt sich

$$\int I_q(\theta)\, d\Omega = \int E_d(u)\, dA$$
$$2\pi \cdot \int I_q(\theta) \cdot \sin(\theta)\, d\theta = \int E_d(u) \cdot 2\pi \cdot u\, du. \qquad (4.5)$$

Die gesuchte Gleichung erhält man, indem man anschließend nach θ differenziert und nach dem Differentialquotienten umstellt [36].

$$\frac{du}{d\theta} = \frac{I_q(\theta) \cdot \sin(\theta)}{E_d(u) \cdot u} \qquad u \neq 0,\; E_d(u) \neq 0 \qquad (4.6)$$

Mit dieser linearen Differentialgleichung erster Ordnung lässt sich die Strahlzuordnung als Funktion $u(\theta)$ berechnen. Eingesetzt in Gleichung (4.3) erhält man die formelle Vorschrift für die Transformation der Quell- in die Detektorlichtverteilung.

$$I_q(\theta) \xrightarrow{u(\theta)} E_d(u(\theta)) \qquad (4.7)$$

4.2.3 DIFFERENTIALGLEICHUNG ZUR BERECHNUNG DER FREIFORMKURVE

Nachdem die Strahlzuordnung $u(\theta)$ berechnet wurde und infolgedessen die Auftreffpunkte $P_d(0)$ bekannt sind, wird in diesem Abschnitt die Geometrie der Freiformkurve K_{opt} bestimmt. Zu diesem Zweck wird das

Snelliussche Brechungsgesetz in den Algorithmus eingebunden und die Differentialgleichung zur Berechnung der optischen Freiformkurve aufgestellt [36].

Die Kurve K_{opt} wird von der Punktmenge $P_{opt}(\theta)$ gebildet. In jedem Punkt $P_{opt}(\theta)$ wird der jeweilige Quellstrahl $\vec{S}_q(\theta)$ genau so umgelenkt, dass der neue Teilstrahl $\vec{S}_d(\theta)$ den Detektor exakt im zugeordneten Punkt $P_d(\theta)$ trifft. Damit dies gewährleistet ist, müssen in allen Kurvenpunkten die lokalen Normalen entsprechend dem Brechungsgesetz ausgerichtet sein [36]. Infolge der Strahlzuordnung existiert ein mathematischer Zusammenhang zwischen der gesuchten Punktmenge $P_{opt}(\theta)$ und der zugehörigen Normalenverteilung $\vec{n}_{opt}(\theta)$.

Die Funktion für die Richtungsvektoren $\vec{d}(\theta)$ der Detektorstrahlen $\vec{S}_d(\theta)$ ergibt sich formal aus den Ortsvektoren der Detektorauftreffpunkte $P_d(\theta)$ und der Punkte $P_{opt}(\theta)$ der gesuchten optischen Kurve K_{opt} zu

$$\vec{d}(\theta) = \frac{\vec{P}_d(\theta) - \vec{P}_{opt}(\theta)}{\left|\vec{P}_d(\theta) - \vec{P}_{opt}(\theta)\right|}. \tag{4.8}$$

Unter Verwendung der Gleichung (2.5) ergibt sich die Normalenverteilung $\vec{n}_{opt}(\theta)$ aus den Richtungsvektoren $\vec{q}$ und $\vec{d}$ der einfallenden und der ausfallenden Strahlen zu

$$\vec{n}_{opt}(\theta) = \frac{\vec{d}(\theta) - n \cdot \vec{q}(\theta)}{\left|\vec{d}(\theta) - n \cdot \vec{q}(\theta)\right|}. \tag{4.9}$$

Definitionsgemäß steht die Normalenverteilung $\vec{n}_{opt}(\theta)$ stets senkrecht auf der Tangente der gesuchten Kurve K_{opt}. Aufgrund dessen gilt für das Skalarprodukt der Normalenverteilung mit der Richtungsableitung der Kurvenfunktion $K_{opt}(\theta)$ folgende Beziehung.

$$\vec{n}_{opt}(\theta) \cdot \frac{d\,K_{opt}(\theta)}{d\theta} = 0 \tag{4.10}$$

Die Kurve K_{opt} ist durch die Differentialgleichung (4.10) und eine entsprechende Anfangsbedingung vollständig definiert. Im Folgenden wird diese Gleichung in eine leichter lösbare Form überführt.

Jeder Punkt $P_{opt}(\theta)$ der Kurve liegt auf dem zugehörigen Quellstrahl $\vec{S}_q(\theta)$. Demzufolge sind seine x- und y-Koordinaten voneinander abhängig. Man kann diese Kurvenpunkte als Funktion der Strahllänge $r = r(\theta)$ des Quellstrahls und dessen normierten Richtungsvektors $\vec{q}(\theta)$ schreiben. Dieser Sachverhalt ist in Abbildung 4.2 veranschaulicht.

$$K_{opt}(\theta) = P_{opt}\big(r(\theta),\theta\big) = P_q + r(\theta) \cdot \vec{q}(\theta) \tag{4.11}$$

Die Gleichungen (4.8) und (4.9) können ebenfalls zu strahllängen-abhängigen Funktionen umformuliert werden.

$$\vec{d}\big(r(\theta),\theta\big) = \frac{\vec{P}_d(\theta) - \vec{P}_{opt}\big(r(\theta),\theta\big)}{\left|\vec{P}_d(\theta) - \vec{P}_{opt}\big(r(\theta),\theta\big)\right|} \tag{4.12}$$

$$\vec{n}_{opt}\big(r(\theta),\theta\big) = \frac{\vec{d}\big(r(\theta),\theta\big) - n \cdot \vec{q}(\theta)}{\left|\vec{d}\big(r(\theta),\theta\big) - n \cdot \vec{q}(\theta)\right|}. \tag{4.13}$$

Setzt man die von $r(\theta)$-abhängigen Gleichungen (4.11) und (4.13) in Gleichung (4.10) ein, wobei P_q infolge der Ableitung nach θ entfällt, so erhält man

$$\vec{n}_{opt}\big(r(\theta),\theta\big) \cdot \left(\frac{dr(\theta)}{d\theta} \cdot \vec{q}(\theta) + r(\theta) \cdot \frac{d\vec{q}(\theta)}{d\theta} \right) = 0. \tag{4.14}$$

Durch Umstellen erhält man für die Strahllänge $r(\theta)$ eine gewöhnliche, lineare Differentialgleichung erster Ordnung [36].

$$\frac{dr(\theta)}{d\theta} = -\frac{\vec{n}_{opt}\big(r(\theta),\theta\big)}{\vec{n}_{opt}\big(r(\theta),\theta\big) \cdot \vec{q}(0)} \cdot \left(r(\theta) \cdot \frac{d\vec{q}(\theta)}{d\theta} \right). \tag{4.15}$$

Aufgrund der Forderung der Erhaltung der lexikographischen Ordnung der Strahlenmenge besitzt diese Differentialgleichung für eine geeignete Anfangsbedingung genau eine Lösung. Das Ergebnis ist die Funktion der Strahllänge in Abhängigkeit vom Parameter θ. Setzt man diese in Gleichung (4.11) ein, erhält man die gesuchte optische Freiformkurve K_{opt}, welche die gegebene Lichtverteilung der Quelle in die gewünschte Detektorlichtverteilung transformiert.

Es wurde bereits erläutert, dass zusätzlich noch eine Anfangsbedingung erforderlich ist, um den Lösungsraum der Differentialgleichung (4.15) auf genau eine Lösung zu reduzieren. Hierfür hinreichend ist beispielsweise die Vorgabe eines Startpunktes $P_{opt}(\theta_0)$ der Maßberechnungskurve. Dieser muss auf dem Strahl $\vec{S}_q(\theta_0)$ liegen. Die Lösung der Gleichung (4.15) liefert für jeden Punkt $P_{opt}(\theta)$ ein x-y-Koordinatenpaar. Abschließend wird die gesuchte optische Fläche durch Rotation von K_{opt} um die optische Achse erzeugt.

Das Ergebnis der Maßberechnung ist eine skalierbare optische Freiformfläche. Die Wahl des Startpunktes wirkt sich sowohl im Fall des Lichtstärke- als auch des Beleuchtungsstärkedetektors direkt auf die Größe der Maßberechnungsfläche aus. Im letzteren Fall ergeben sich außerdem noch Auswirkungen auf die geometrische Form.

4.2.4 NUMERISCHE LÖSUNG DER DIFFERENTIALGLEICHUNGEN UND APPROXIMATION DER MAßBERECHNUNGSFLÄCHE

Der Maßberechnungsalgorithmus muss nacheinander zwei gewöhnliche, lineare Differentialgleichungen erster Ordnung lösen. Die Lösung der Gleichung (4.6) liefert die Strahlzuordnungsfunktion $u(\theta)$ und infolgedessen die Auftreffpunkte der Strahlen auf dem Detektor. Diese werden anschließend zur Bestimmung der Richtungsvektoren $\vec{d}(\theta)$ in Gleichung (4.8) eingesetzt und stellen folglich Eingangsgrößen für die zweite zu lösende Differentialgleichung (4.15) dar. Deren Lösung liefert die Strahllängenfunktion $r(\theta)$, welche äquivalent zur gesuchten optischen Freiformkurve ist.

Analytische Lösungen existieren nur für Spezialfälle. Im Allgemeinen müssen deshalb die beiden Differentialgleichungen numerisch gelöst werden. Beide Gleichungen sind von der Form

$$\frac{d\,y(t)}{dt} = f(y,t).$$

(4.16)

Zur Lösung bietet sich hierbei das Runge-Kutta-Verfahren [3], [28] an. Bei der numerischen Lösung werden für den Parameter θ diskrete Werte im Bereich von θ_0 bis θ_{end} gewählt. Dies entspricht einer Diskretisierung der Strahlenmenge und des gesamten optischen Systems. Für diese diskreten Strahlen wird die Strahlzuordnung numerisch bestimmt. Das Ergebnis ist eine geordnete Menge diskreter Quell- und Detektorstrahlenpaare. Diese werden anschließend mit einem Spline zu einer kontinuierlichen Funktion $u(\theta)$ approximiert.

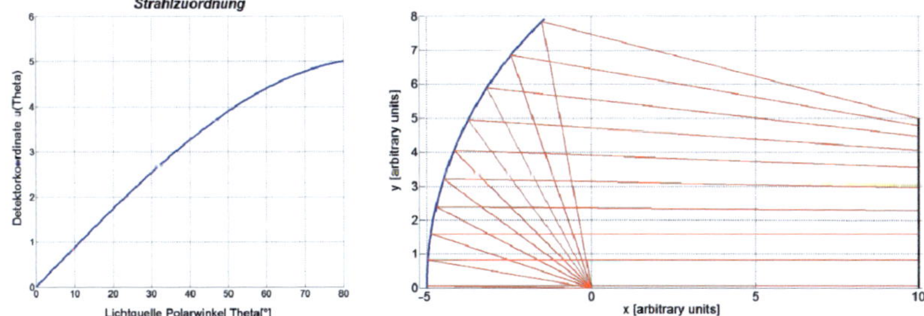

Abbildung 4.3: Beispiel Strahlzuordnung
a) Der Detektorkoordinaten u werden die gegebenen Quellstrahlen durch die Strahlzuordnungsfunktion u(θ) eindeutig zugeordnet.
b) Der maßberechnete Reflektor (blau) lenkt die Strahlen der Lichtquelle gemäß der Strahlzuordnungsfunktion u(θ) auf den Detektor (schwarz) um.

Die kontinuierliche Funktion der Strahlzuordnung $u(\theta)$ dient als Eingangsgröße für die zweite Differentialgleichung (4.15). Das numerische Lösungsverfahren diskretisiert ebenfalls den Parameter θ. Die Lösung erhält man in Form diskreter Punkte der gesuchten optischen Kurve. Diese liegen als geordnete Menge von Koordinatenpaaren vor. Die kontinuierliche optische Freiformkurve K_{opt} erhält man im nächsten Schritt durch eine Approximation dieser Punktmenge mit einer Splinekurve. In Abbildung 4.4 ist anschaulich illustriert, wie sich die Freiformkurve aus der Strahllängenfunktion ergibt.

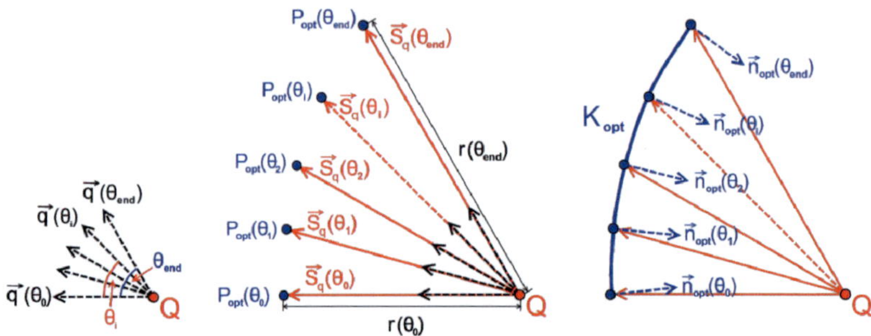

Abbildung 4.4: *Prinzipdarstellung zur Strahllängenfunktion als Ergebnis der Maßberechnung*
a) Lichtquelle mit Richtungsvektoren der Quellstrahlen
b) Quellstrahlen mit Strahllängen $r(\theta_i)$ enden in $P_{opt}(\theta_i)$
c) Optische Kurve K_{opt} mit Normalvektoren

Das in MATLAB gewählte numerische Lösungsverfahren ode45 besitzt eine variable Schrittweite für den Parameter θ. Diese ist streng monoton wachsend. Aus diesem Grund wird die Forderung nach dem Erhalt der lexikographischen Ordnung sowohl während der Strahlzuordnung als auch bei der anschließenden Freiformflächenberechnung automatisch erfüllt.

4.2.5 BEISPIEL FÜR SYSTEME MIT EINER STRAHLFORMENDEN FLÄCHE

Mit den Gleichungen (4.6) und (4.15) lassen sich rotationssymmetrische Systeme mit einer optischen Freiformfläche berechnen. Dies ermöglicht den Entwurf von Reflektoren, welcher in diesem Abschnitt bereits demonstriert wurde. Darüber hinaus ermöglichen die Gleichungen (4.6) und (4.15) aber auch die Berechnung refraktiver Komponenten unter speziellen Bedingungen. In Abbildung 4.5 sind hierfür zwei Beispiele zu sehen.

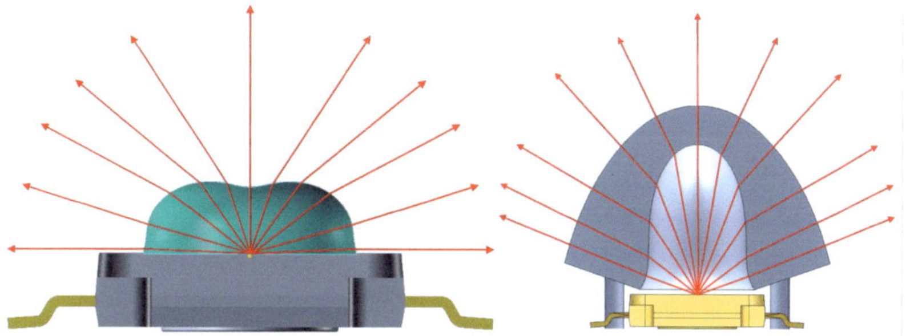

Abbildung 4.5:   Refraktive Systeme mit Punktlichtquelle und einer Maßberechnungsfläche
a) Modell einer LED mit Primäroptik [8]
b) LED Aufsatzoptik: Die äußere optische Fläche besitzt keine strahlformende
Wirkung, da alle Strahlen senkrecht zu ihr stehen.

Das System in Abbildung 4.5a) stellt das Modell einer LED mit Primäroptik dar. Der LED-Chip wird als Punktlichtquelle angenommen. Die emittierten Lichtstrahlen starten im Medium der Primäroptik und werden beim Austritt aus dieser entsprechend dem Brechungsgesetz umgelenkt. Dieses refraktive System besitzt lediglich eine optische Fläche, welche mit den Gleichungen (4.6) und (4.15) berechnet werden kann.

In Abbildung 4.5b) emittiert eine Punktlichtquelle mit Lambertscher Abstrahlcharakteristik Lichtstrahlen in einen Winkelbereich von -85° bis+ 85°. Eine refraktive Aufsatzoptik formt dieses in eine homogene Lichtstärkeverteilung mit einem Abstrahlwinkelbereich von -70° bis +70° um. Diese Aufsatzoptik lässt sich jedoch nur mit den Gleichungen (4.6) und (4.15) berechnen, weil eine ihrer beiden refraktiven Flächen keine strahlformende Wirkung besitzt. Dies ist der Fall, wenn die Fläche in jedem ihrer Punkte senkrecht zum jeweiligen auftreffenden Strahl liegt. Infolgedessen passieren alle Strahlen diese Fläche, ohne dass eine Strahlumlenkung stattfindet.

4.2.6   SYSTEME MIT MEHREREN OPTISCHEN FLÄCHEN

Mit den Gleichungen (4.6) und (4.15) sind Systeme berechenbar, in denen jeder Strahl nur ein einziges Mal durch eine optische Fläche umgelenkt wird. Auf diese Weise lassen sich Systeme entwerfen, welche einen

Reflektor besitzen, ansonsten jedoch keine weiteren optisch wirksamen Flächen enthalten.

Oft wäre die Maßberechnung einer einzigen optischen Fläche ausreichend, um die gewünschte Lichtverteilung auf einem Detektor erzeugen zu können. In sehr vielen Fällen muss der Entwickler jedoch auch darüber hinaus Einfluss auf den Entwurf nehmen. Um zusätzliche Systemgegebenheiten, insbesondere weitere optische Flächen, berücksichtigen zu können, ist es erforderlich, den Maßberechnungsalgorithmus entsprechend weiter zu entwickeln. Erst dann sind Systemgrößen, wie zum Beispiel Einbautiefe, Systemabmessungen und die Anzahl der optischen Komponenten gezielt kontrollierbar. Infolgedessen können mit dem erweiterten Maßberechnungsalgorithmus komplexere Systeme entworfen werden.

Linsen besitzen zwei optisch wirksame Flächen, die Lichtein- und die Lichtaustrittsfläche. In komplexen optischen Systemen werden häufig mehrere optische Komponenten miteinander kombiniert und demzufolge werden die Strahlengänge von einer größeren Anzahl optischer Flächen geformt. Folgende grundlegende Fälle können auftreten. Im optischen System gibt es:

1. außer der Maßberechnungsfläche keine weiteren optischen Flächen

2. außer der Maßberechnungsfläche eine oder mehrere fest vorgegebene optische Flächen

3. mehrere Maßberechnungsflächen, welche simultan berechnet werden.

Der Fall eins deckt die einfachsten Systeme mit nur einer optischen Fläche ab. Die zugehörigen Differentialgleichungen wurden bereits hergeleitet.

Der zweite Fall trifft auf den wohl größten Teil aller praktischen Aufgabenstellungen zu. Um die gewünschte Lichtverteilung zu erzeugen, wird beispielsweise nur eine Fläche maßberechnet, während die übrigen Flächen im System unverändert bleiben.

Für den Fall dass die Aufgabenstellung für die Detektorstrahlen sowohl die Auftreffpunkte als auch die zugehörigen Auftreffwinkel vorgibt, ist das mathematische Problem überbestimmt. Die Lösung der Aufgabenstellung erfordert einen zusätzlichen Freiheitsgrad. Durch das Einfügen einer zweiten Maßberechnungsfläche in das optische System kann dieser bereitgestellt werden. Dies entspricht dem Fall drei, welcher bei der Entwicklung von Systemen mit besonders hohen optischen Wirkungsgraden zur Anwendung kommt.

Wird der Strahlengang des Systems sowohl vor als auch hinter der maßzuberechnenden Fläche berücksichtigt, kann man die Fälle zwei und drei auf eine dem Fall eins ähnliche Form zurückführen. Im Folgenden wird dies bereits bei der Herleitung der Differentialgleichungen beachtet und dementsprechend der Maßberechnungsalgorithmus auf die Fälle zwei und drei erweitert. Zu diesem Zweck werden an das System folgende Bedingungen gestellt. Der Strahlengang durch das Gesamtsystem muss sequentiell sein und Reihenfolge der Strahlen darf sich nicht ändern. Des Weiteren sind die fest vorgegebenen Flächen mindestens zweifach stetig differenzierbar.

Zuerst wird folgender Fall betrachtet. Im Strahlengang ist eine fest vorgegebene Fläche vor der Maßberechnungsfläche positioniert. Ein Beispiel hierfür ist das in Abbildung 4.6 dargestellte optische System, welches eine plankonvexe Linse enthält.

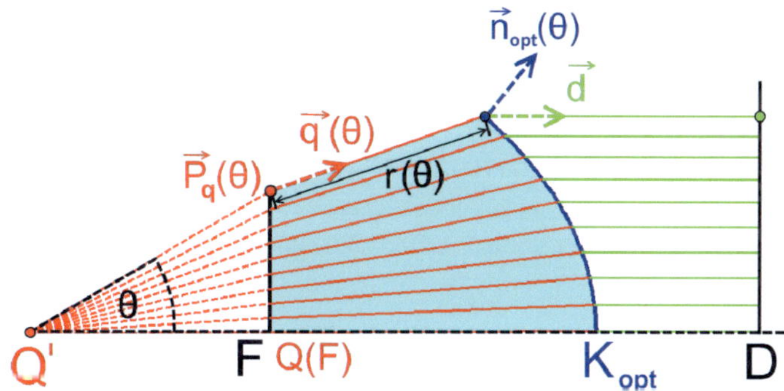

Abbildung 4.6: System mit fest vorgegebener Fläche vor der Maßberechnungsfläche

Die Lichteintrittsfläche in das optisch dichtere Medium wird durch die Linie F und die Lichtaustrittsfläche durch die Freiformkurve K_{opt} dargestellt. Im Vergleich zum bereits betrachteten Fall erweitert sich die Vorgehensweise um einen zusätzlichen Schritt. Zuerst wird aus der Punktlichtquelle Q' die ausgedehnte Lichtquelle Q(F) erzeugt. Für die Maßberechnung bedeutet dies, dass nun die Startpunkte $P_q(\theta)$ der Quellstrahlen $\vec{S}_q(\theta)$ nicht mehr wie bisher in einem Punkt liegen, sondern auf der Lichteintrittsfläche F verteilt sind. Jeder dieser neuen Quellstrahlen besitzt somit neben seinem Richtungsvektor $\vec{q}(\theta)$ nun auch einen individuellen Startpunkt $P_q(\theta)$. Diese Startpunkte lassen sich ermitteln, indem man die Schnittpunkte der Strahlen von Q' mit F berechnet. Die Richtungsvektoren $\vec{q}(\theta)$ werden durch die Strahlumlenkung beim Auftreffen auf F gemäß dem Brechungsgesetz bestimmt. Im Folgenden bezeichnen die Indizes q alle Größen, die für die jeweilige Maßberechnung als Lichtquelle dienen. Dies betrifft im aktuellen Fall alle Größen, welche zu Q(F) gehören.

Man kann Q(F) als eine virtuelle, ausgedehnte Flächenlichtquelle interpretieren, deren Strahlen im optisch dichteren Medium starten. Aufgrund ihrer Definition ist diese Art der Lichtquelle nicht stochastischer Natur, sondern emittiert eine endliche, lexikographisch geordnete Strahlenmenge. Dementsprechend ist die virtuelle Lichtquelle Q(F) für das Maßberechnungsverfahren geeignet. Die Freiformkurve K_{opt} kann nun sinngemäß, wie bereits in den vorangegangenen Abschnitten beschrieben, maßberechnet werden.

Da die auf F liegenden Startpunkte $P_q(\theta)$ nun nicht mehr identisch mit einem einzigen Punkt sind, erweitert sich Gleichung (4.11) zu

$$K\big(r(\theta),\theta\big) = P_{opt}\big(r(\theta),\theta\big) = P_q(\theta) + r(\theta) \cdot \vec{q}(\theta). \tag{4.17}$$

Mit der Normalenfunktion der optischen Oberfläche

$$\vec{n}_{opt}(\theta) = \frac{\vec{q}(\theta) - n \cdot \vec{d}(\theta)}{\left|\vec{q}(\theta) - n \cdot \vec{d}(\theta)\right|} \tag{4.18}$$

erweitert sich die Differentialgleichung der Strahllänge (4.15) zu

$$\frac{dr}{d\theta} = -\frac{r(\theta)\cdot\vec{n}_{opt}\big(r(\theta),\theta\big)}{\vec{n}_{opt}\big(r(\theta),\theta\big)\cdot\vec{q}} \cdot \frac{d\vec{q}}{d\theta} - \frac{\vec{n}_{opt}\big(r(\theta),\theta\big)}{\vec{n}_{opt}\big(r(\theta),\theta\big)\cdot\vec{q}} \cdot \frac{d\,P_q}{d\theta}$$

$$= -\frac{\vec{n}_{opt}\big(r(\theta),\theta\big)}{\vec{n}_{opt}\big(r(\theta),\theta\big)\cdot\vec{q}} \cdot \left(r(\theta)\cdot\frac{d\vec{q}}{d\theta} + \frac{d\,P_q}{d\theta} \right).$$

$$(4.19)$$

Es ist zu beachten, dass in diesem Fall das Ergebnis $r(\theta)$ nicht die Funktion der Strahllänge von der tatsächlichen Lichtquelle Q' ausgehend darstellt, sondern ausgehend vom jeweiligen Startpunkt $P_q(\theta)$ der virtuellen Lichtquelle Q(F) hin zum zugehörigen Punkt $P_{opt}(\theta)$ [36]. Da das optische System im Strahlengang vor der Maßberechnungsfläche fest vorgegeben ist, ist die Lösung von Gleichung (4.19) ausreichend.

Prinzipiell kann diese Vorgehensweise auf beliebig viele optische Flächen im sequentiellen Strahlengang vor der Maßberechnungsfläche angewendet werden. Infolgedessen sind komplexe optische Systeme handhabbar, deren letzte optische Fläche maßberechnet werden soll.

Als nächstes wird der Fall fest vorgegebener optischer Flächen im sequentiellen Strahlengang nach der Maßberechnungsfläche betrachtet. Grundsätzlich kann die eben beschriebene Methode für diesen Fall abgeändert werden. Anstelle einer virtuellen Lichtquelle auf der vorangegangenen optischen Fläche wird nun ein virtueller Detektor auf der nachfolgenden Fläche erzeugt. Dies erfordert ebenfalls die vollständige Information über die Lichtverteilung, in diesem Fall die zu erzeugende Detektorlichtverteilung. Allein die Kenntnis der Auftreffpunkte der Detektorstrahlen ist hierfür nicht ausreichend, zusätzlich werden auch die zugehörigen Auftreffwinkel benötigt. Sind diese Informationen bekannt, lässt sich der Strahlengang mittels sequentiellem Raytracing vom eigentlichen Empfänger ausgehend rückwärts bis zur virtuellen Detektorfläche ermitteln. Damit diese virtuelle Detektorlichtverteilung für die anschließende Maßberechnung geeignet ist, muss die sie erzeugende Strahlenmenge die gleiche lexikographische Ordnung besitzen wie die von der Lichtquelle emittierte Strahlenmenge. Nur dann kann die passende

Verbindung zwischen den Strahlen der Lichtquelle und denen des virtuellen Detektors durch die Strahlzuordnung berechnet werden.

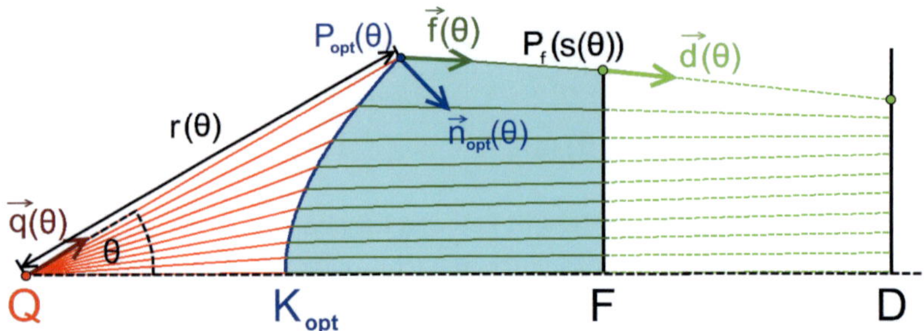

Abbildung 4.7:   System mit einer fest vorgegebenen Fläche nach der Maßberechnungsfläche

In Abbildung 4.7 ist der Fall dargestellt, dass im sequentiellen Strahlengang nach der Maßberechnungsfläche nur eine fest vorgegebene optische Fläche folgt. Zur Berechnung der Freiformkurve K_{opt} ist es erforderlich, die für den Fall eins beschriebene Vorgehensweise entsprechend zu erweitern.

Für die Maßberechnung ist eine Funktion erforderlich, welche die Punkte P_f auf der Austrittsfläche F darstellt. Zu diesem Zweck wird die Fläche F mit dem neuen Parameter s beschrieben [36]. Dieser ist wiederum vom Systemparameter θ abhängig. Unter Berücksichtigung der auftretenden Lichtbrechung an F ergibt sich die Normalenverteilung $\vec{n}_f$ der Austrittsfläche F zu

$$\vec{n}_f\big(s(\theta)\big) = \frac{n \cdot \vec{d} - \vec{f}}{\left| n \cdot \vec{d} - \vec{f} \right|}.$$

(4.20)

Diese ist bereits bekannt, da die Austrittsfläche F fest vorgegeben ist. Mit den Punkten $P_f(s(\theta))$ lassen sich die Richtungsvektoren $\vec{f}$ und $\vec{d}$ analog zu Gleichung (4.12) bestimmen. Für $\vec{d}$ ergibt sich aus den Ortsvektoren der beteiligten Punkte

$$\vec{d}\big(s(\theta),\theta\big) = \frac{\vec{P}_d(\theta) - \vec{P}_f\big(s(\theta)\big)}{\left|\vec{P}_d(\theta) - \vec{P}_f\big(s(\theta)\big)\right|}. \tag{4.21}$$

Die Gleichungen (4.20) und (4.21) werden genutzt, um die Funktion der Richtungsvektoren $\vec{f}$ aufzustellen.

$$\vec{f}\big(r(\theta),s(\theta),\theta\big) = \frac{\vec{P}_f\big(s(\theta)\big) - \vec{P}_{opt}\big(r(\theta),\theta\big)}{\left|\vec{P}_f\big(s(\theta)\big) - \vec{P}_{opt}\big(r(\theta),\theta\big)\right|} \tag{4.22}$$

Durch Einsetzen in Gleichung (4.13) ergibt sich die Funktion für die Normalenverteilung der gesuchten optischen Freiformkurve.

$$\vec{n}_{opt}\big(r(\theta),s(\theta),\theta\big) = \frac{\vec{f}\big(r(\theta),s(\theta),\theta\big) - n \cdot \vec{q}(\theta)}{\left|\vec{f}\big(r(\theta),s(\theta),\theta\big) - n \cdot \vec{q}(\theta)\right|} \tag{4.23}$$

Damit erweitert sich Gleichung (4.15) zu

$$\frac{dr}{d\theta} = -\frac{\vec{n}_{opt}\big(r(\theta),s(\theta),\theta\big)}{\vec{n}_{opt}\big(r(\theta),s(\theta),\theta\big) \cdot \vec{q}(\theta)} \cdot \left(r(\theta) \cdot \frac{d\vec{q}(0)}{d0}\right). \tag{4.24}$$

Die Differentialgleichung (4.24) beschreibt das vorliegende optische System. In dieser sind die noch unbekannten Punkte $P_f(s(\theta))$ in Form einer Funktion enthalten [36]. Mit einer Anfangsbedingung in Form eines geeigneten Startpunktes existiert eine eindeutige Lösung für die Maßberechnungskurve. Auch diese Methode ist grundsätzlich auf beliebig viele fest vorgegebene optische Flächen nach der Maßberechnungsfläche anwendbar. Voraussetzung hierfür ist dann jedoch die vollständige Information über die Ziellichtverteilung. Andernfalls wäre das System unterbestimmt und infolgedessen die Eindeutigkeit der Lösung nicht gegeben.

Die beiden in diesem Abschnitt vorgestellten Verfahren erweitern die Methode der Maßberechnung auf komplexe optische Systeme, welche neben der zu berechnenden Freiformfläche noch weitere fest vorgegebene optische Flächen enthalten.

4.2.7 SYSTEME MIT ZWEI MAßBERECHNUNGSFLÄCHEN

Von besonderem Interesse für den Optikentwickler ist die Möglichkeit, zwei Flächen simultan maßzuberechnen, also der Fall drei. Auf diese Weise erhält das System einen zusätzlichen Freiheitsgrad. Dieser ermöglicht nicht nur die Auftreffpunkte $P_d(\theta)$ der Detektorstrahlen sondern auch die auftreffende Winkelverteilung $\gamma(\theta)$ vorzugeben. In Abbildung 4.8 ist eine bikonvexe Linse bestehend aus zwei Maßschneiderflächen dargestellt.

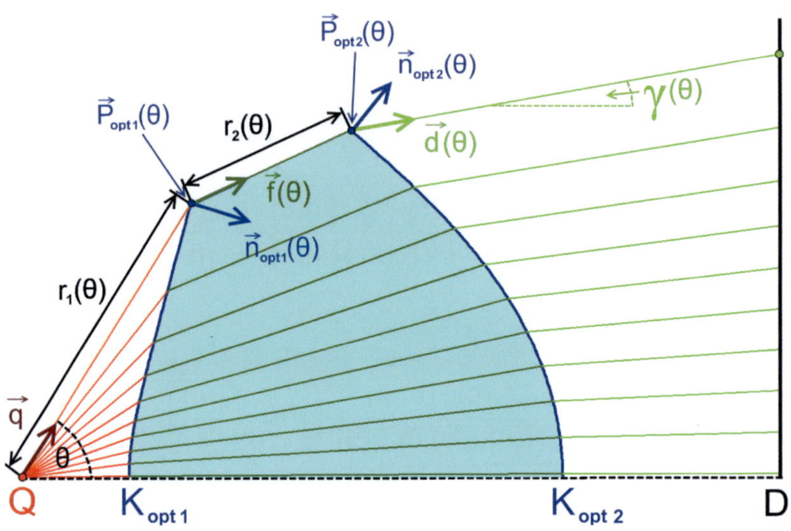

Abbildung 4.8: *Beidseitige Freiformlinse: System bestehend aus zwei Maßberechnungsflächen*

Alle Strahlen treffen mit der gewünschten Winkelverteilung $\gamma(\theta)$ auf den Detektor und erzeugen eine homogene Beleuchtungsstärkeverteilung. Zur simultanen Berechnung der beiden Maßberechnungsflächen ist sowohl die Kenntnis der Auftreffpunkte $P_d(\theta)$ als auch der Auftreffwinkel $\gamma(\theta)$ der Detektorstrahlen erforderlich [36]. Diese lassen sich mit zwei Strahlzuordnungen berechnen. Für die beiden Flächennormalen gilt

$$\vec{n}_{opt1}(\theta) = \frac{\vec{f}(\theta) - n \cdot \vec{q}(\theta)}{\left|\vec{f}(\theta) - n \cdot \vec{q}(\theta)\right|} \tag{4.25}$$

$$\vec{n}_{opt2}(\theta) = \frac{n \cdot \vec{d}(\theta) - \vec{f}(\theta)}{\left| n \cdot \vec{d}(\theta) - \vec{f}(\theta) \right|}. \tag{4.26}$$

Für die erste Freiformkurve K_{opt1} gelten weiterhin die Gleichungen (4.17) und (4.18). Da die Auftreffpunkte $P_d(\theta)$ und die zugehörigen Auftreffwinkel $\gamma(\theta)$ der Detektorstrahlen bekannt sind, lässt sich auch die zweite Kurve K_{opt2} maßberechnen. Die Strahllänge $r_2(\theta)$ sei der Abstand zwischen den Punkten $P_d(\theta)$ und $P_{opt2}(\theta)$. Damit ergibt sich analog zur Gleichung (4.17)

$$K_{opt2}\left(r_2(\theta),\theta\right) = P_{opt2}\left(r_2(\theta),\theta\right) = P_d(\theta) - r_2(\theta) \cdot \vec{q}(\theta). \tag{4.27}$$

Im Ergebnis erhält man in Analogie zu Gleichung (4.19)

$$\frac{d\,r_2}{d\theta} = -\frac{\vec{n}_{opt2}\left(r_2(\theta),\theta\right)}{\vec{n}_{opt2}\left(r_2(\theta),\theta\right) \cdot \vec{q}(\theta)} \cdot \left(r_2(\theta) \cdot \frac{d\vec{q}(\theta)}{d\theta} - \frac{d\,P_d(\theta)}{d\theta} \right). \tag{4.28}$$

Die beiden Differentialgleichungen für K_{opt1} und K_{opt2} sind durch den Richtungsvektor $\vec{f}(\theta)$ des Strahlengangs zwischen beiden Kurven gekoppelt [36].

$$\vec{f}(\theta) = \frac{\vec{P}_{opt2}(\theta) - \vec{P}_{opt1}(\theta)}{\left| \vec{P}_{opt2}(\theta) - \vec{P}_{opt1}(\theta) \right|} \tag{4.29}$$

Die Lösung dieses gekoppelten Differentialgleichungssystems liefert die beiden gesuchten Maßberechnungskurven.

Prinzipiell können mit der Maßberechnungsmethode auch optische Systeme mit mehr als zwei Maßberechnungsflächen entwickelt werden, wenn die lexikographische Ordnung der Strahlenmenge im Verlauf des Strahlengangs erhalten bleibt. Die resultierenden zusätzlichen Freiheitsgrade kann der Entwickler in verschiedenster Art und Weise nutzen, um Einfluss auf das optische System zu nehmen.

KAPITEL 5

MAßBERECHNUNG NICHTROTATIONSSYMMETRISCHER OPTISCHER KOMPONENTEN

In Kapitel 4 wurde ein Algorithmus zur Maßberechnung von Freiformflächen in rotationssymmetrischen optischen Systemen vorgestellt. Im aktuellen Kapitel wird dieses Verfahren auf nichtrotationssymmetrische Freiformflächen erweitert und anhand von Systemen mit Lichtstärkedetektoren demonstriert.

5.1 ABGRENZUNG ZU ROTATIONSSYMMETRISCHEN SYSTEMEN

Charakteristisch für rotationssymmetrische Systeme ist, dass sie mittels des Polarwinkels θ parametrisiert werden können. In Richtung des Azimutwinkels φ sind diese Systeme aufgrund ihrer Symmetrie jedoch unabhängig. Es gibt verschiedene Gründe, weshalb ein optisches System eine nicht rotationssymmetrische Form annehmen kann. Beispielsweise reicht es bereits aus, wenn eine der Systemkomponenten nicht mittig auf der Symmetrieachse angeordnet ist. Der allgemeine Fall ist jedoch, dass die gewünschte Ziel- und/oder die gegebene Quelllichtverteilung nicht rotationssymmetrisch sind. Im Folgenden wird dieser Fall auch als 3D-Fall bezeichnet. Die Maßberechnung derartiger optischer Systeme stellt den Inhalt dieses Kapitels dar.

Die Aufgabenstellung, die gewünschte Ziellichtverteilung möglichst exakt zu erzeugen, wird im Vergleich zu rotationssymmetrischen optischen Systemen deutlich komplizierter. Nichtrotationssymmetrische Freiformflächen, im Folgenden 3D-Freiformflächen genannt, sind hierfür ein geeigneter Flächentyp. Sie stellen die Verallgemeinerung der 2D-Freiformflächen dar und sind nun auch vom Azimutwinkel abhängig. Gleiches gilt auch für die übrigen Systemgrößen, welche im Lichtstärkedetektorfall Funktionen des Polar- und des Azimutwinkels sind. Der Polarwinkel der

Lichtquelle wird weiterhin mit θ gekennzeichnet und der Azimutwinkel mit φ. Zur besseren Unterscheidbarkeit werden die Winkel bezüglich der Detektorgrößen anders benannt. Der Polarwinkel der Detektorlichtverteilung wird im Folgenden mit γ und der zugehörige Azimutwinkel mit δ bezeichnet.

$$
\begin{array}{cc}
2D-\text{Maßberechnung} & 3D-\text{Maßberechnung} \\
\vec{S}_q(\theta),\ \vec{S}_d(\gamma) & \vec{S}_q(\theta,\varphi),\ \vec{S}_d(\gamma,\delta) \\
I_q(\theta),\ I_d(\gamma) & I_q(\theta,\varphi),\ I_d(\gamma,\delta) \\
K_{opt}(\theta) & F_{opt}(\theta,\varphi)
\end{array}
\tag{5.1}
$$

Die Abhängigkeit von einem weiteren Parameter erfordert eine Verallgemeinerung des Maßberechnungsalgorithmus sowohl hinsichtlich der Strahlzuordnung als auch der anschließenden Freiformflächenberechnung. Dies wird in den folgenden Abschnitten durchgeführt.

5.2 STRAHLZUORDNUNG NICHTROTATIONSSYMMETRISCHER LICHTVERTEILUNGEN

Das in Kapitel 4 vorgestellte Konzept der Strahlzuordnung hat sich für rotationssymmetrische Ziellichtverteilungen als sehr zweckmäßig erwiesen. Einerseits bewirkt es aufgrund der Ordnungserhaltung, dass man kontinuierliche Flächen als Lösungen erhält, und andererseits stellt es die mathematische Eindeutigkeit des Strahlengangs und somit des Gesamtsystems sicher. Um diese Vorteile weiterhin nutzen zu können, wird in diesem Abschnitt das Strahlzuordnungsverfahren auf nichtrotationssymmetrische Systeme erweitert. Im Folgenden wird für die Herleitung nur der Fall eines optischen Systems mit einem Lichtstärkedetektor betrachtet.

Aufgrund der bereits erläuterten Abhängigkeit des optischen Systems von den beiden Parametern θ und φ ist ebenfalls eine Erweiterung der Strahlzuordnung auf zwei Parameter erforderlich. Alle Aussagen aus Abschnitt 4.1 sind sinngemäß auch für die erweiterte 3D-Strahlzuordnung gültig.

Für den hier betrachteten Fall des Lichtstärkedetektors entspricht die Strahlzuordnung formal einer Transformation der polaren und azimutalen Winkelkoordinaten der Quellstrahlen.

$$I_q\left(\theta,\varphi\right)\xrightarrow{\ \gamma(\theta,\varphi),\ \delta(\theta,\varphi)\ }I_d\left(\gamma,\delta\right)$$

$$\theta,\varphi\xrightarrow{\ \gamma(\theta,\varphi)\ }\gamma \tag{5.2}$$

$$\theta,\varphi\xrightarrow{\ \delta(\theta,\varphi)\ }\delta$$

Hierbei sind $\gamma(\theta,\varphi)$ und $\delta(\theta,\varphi)$ die gesuchten Funktionen, welche jedem Quellstrahl mit der Richtung (θ,φ) einen entsprechenden Detektorstrahl mit der Richtung (γ,δ) zuordnen. Dies entspricht einer Koordinatentransformation.

Die Grundlage für die Herleitung bildet weiterhin das Energieerhaltungsprinzip aus Gleichung (4.4), welches besagt, dass im idealisierten optischen System der von der Quelle emittierte Lichtstrom gleich dem auf dem Detektor auftreffenden ist. Aufgrund der Azimutwinkelabhängigkeit erweitert sich Gleichung (4.5) zu

$$\int_{\theta_0}^{\theta_{max}}\int_{\varphi_0}^{\varphi_{max}}I_q\left(\theta,\varphi\right)\cdot\sin(\theta)\ \mathrm{d}\varphi\ \mathrm{d}\theta=\int_{\gamma_0}^{\gamma_{max}}\int_{\delta_0}^{\delta_{max}}I_d\left(\gamma,\delta\right)\cdot\sin(\gamma)\ \mathrm{d}\delta\ \mathrm{d}\gamma \tag{5.3}$$

Damit ergibt sich folgende nichtlineare, partielle Differentialgleichung zweiter Ordnung.

$$\frac{\mathrm{d}^2\ \gamma\cdot\delta}{\mathrm{d}\theta\ \mathrm{d}\varphi}=\frac{I_q\left(\theta,\varphi\right)\cdot\sin(\theta)}{I_d\left(\gamma,\delta\right)\cdot\sin(\gamma)} \tag{5.4}$$

Im Prinzip würde die Lösung dieser Gleichung die Strahlzuordnung in Form der beiden Funktionen $\gamma(\theta,\ \varphi)$ und $\delta(\theta,\ \varphi)$ liefern. Allerdings ist die Bestimmung dieser Lösung ungleich schwieriger als die der gewöhnlichen, linearen Differentialgleichung (4.6) für den rotationssymmetrischen Fall. Der Grund besteht darin, dass sich kein Standardverfahren zur Lösung aller partiellen, nichtlinearen Differentialgleichungen, insbesondere

Gleichung (5.4), anbietet. Gleichung (5.4) ist somit in dieser Form zur 3D-Maßberechnung ungeeignet.

5.2.1 HERLEITUNG DES DIFFERENTIALGLEICHUNGSSYSTEMS DER STRAHLZUORDNUNG

Auf der rechten Seite von Gleichung (5.4) liegen die beiden bekannten Lichtverteilungen als separate Funktionen zweier Variablen vor. Auf der linken Seite hingegen sind die beiden partiellen Ableitungen der unbekannten Transformationsfunktionen multiplikativ miteinander verknüpft. Aufgrund dessen ist eine Berechnung der gesuchten Funktionen ohne weiteres Eingreifen nicht möglich. Im Folgenden wird ein Zusatzschritt eingefügt, um die Zuordnung zwischen den Strahlen der Quell- und der Detektorlichtverteilung dennoch zu ermöglichen.

Die folgenden Umformungen, bis einschließlich Gleichung (5.8), dienen ausschließlich der besseren Verständlichkeit. Zunächst werden zur einfacheren Beschreibung der Lichtverteilungen die normierten, raumwinkelgewichteten Lichtstärkefunktionen $f(\theta,\varphi)$ und $g(\gamma,\delta)$ eingeführt.

Diese erhält man aus der Multiplikation der Lichtstärkefunktionen $I_q(\theta,\varphi)$ und $I_d(\gamma,\delta)$ mit den zugehörigen Sinustermen und der anschließenden Normierung auf den Lichtstärkewert an der Stelle (0,0).

Definition:

$$f(\theta,\varphi) = \frac{I_q(\theta,\varphi)\cdot\sin(\theta)}{I_{q0}} \quad \text{mit} \quad I_{q0} = I_q(0,0)$$

$$g(\gamma,\delta) = \frac{I_d(\gamma,\delta)\cdot\sin(\gamma)}{I_{d0}} \quad \text{mit} \quad I_{d0} = I_d(0,0)$$

$$(5.5)$$

Weiterhin ist für die Energieerhaltung ein Proportionalitätsfaktor k_{LV} erforderlich. Dieser ergibt sich aus dem Verhältnis der partiellen Integrale über die raumwinkelgewichteten Lichtstärkefunktionen zu

$$k_{LV} = \frac{\displaystyle\int_{\theta_{min}}^{\theta_{max}} \int_{\varphi_{min}}^{\varphi_{max}} f(\theta,\varphi)\, d\varphi\, d\theta}{\displaystyle\int_{\gamma_{min}}^{\gamma_{max}} \int_{\delta_{min}}^{\delta_{max}} g(\gamma,\delta)\, d\delta\, d\gamma} \, . \tag{5.6}$$

Für die Lichtströme in den betrachteten Raumwinkelbereichen gilt infolgedessen

$$\Phi_d = k_{LV} \cdot \Phi_q \, . \tag{5.7}$$

Die beiden raumwinkelgewichteten Lichtstärkefunktionen werden in Gleichung (5.3) eingesetzt, welchen sich nun in einer normierten, lichtstärkeunabhängigen Form angeben lässt.

$$\iint f(\theta,\varphi)\, d\theta\, d\varphi = k_{LV} \cdot \iint g(\gamma,\delta)\, d\gamma\, d\delta \tag{5.8}$$

Aufgrund der Energieerhaltung können die Funktionen der Strahlzuordnung $\gamma(\theta,\varphi)$ und $\delta(\theta,\varphi)$ nicht voneinander unabhängig sein. Zu einer Lösung für $\gamma(\theta,\varphi)$ kann demzufolge nur eine korrespondierende Funktion $\delta(\gamma)$ existieren. Der allgemeine Ausdruck in Gleichung (5.2) ändert sich infolgedessen zu

$$\begin{aligned} I_q(\theta,\varphi) &\xrightarrow{\;\gamma(\theta,\varphi),\; \delta(\gamma)\;} I_d(\gamma,\delta) \\ \theta,\varphi &\xrightarrow{\;\gamma(\theta,\varphi)\;} \gamma, \delta(\gamma) \end{aligned} \qquad . \tag{5.9}$$

Der formelle Zusammenhang zwischen den Funktionen $\gamma(\theta,\varphi)$ und $\delta(\gamma)$ wird im Abschnitt 5.2.4 hergeleitet.

Gleichung (5.8) dient als Ausgangsgleichung zur Herleitung der gesuchten Transformationsfunktion $\gamma(\theta,\varphi)$. Zu diesem Zweck wird diese einmal nach der polaren Koordinate θ

$$\frac{\partial}{\partial\theta}\left(\iint f(\theta,\varphi)\ d\theta\ d\varphi\right) = k_{LV}\cdot\frac{\partial}{\partial\theta}\left(\iint g(\gamma,\delta)\ d\gamma\ d\delta\right)$$

$$\int f(\theta,\varphi)\ d\varphi = k_{LV}\cdot\int g(\gamma,\delta)\ d\delta\cdot\frac{\partial\gamma}{\partial\theta} \tag{5.10}$$

und einmal nach der azimutalen Koordinate φ differenziert.

$$\frac{\partial}{\partial\varphi}\left(\iint f(\theta,\varphi)\ d\theta\ d\varphi\right) = k_{LV}\cdot\frac{\partial}{\partial\varphi}\left(\iint g(\gamma,\delta)\ d\gamma\ d\delta\right)$$

$$\int f(\theta,\varphi)\ d\theta = k_{LV}\cdot\int g(\gamma,\delta)\ d\delta\cdot\frac{\partial\gamma}{\partial\varphi} \tag{5.11}$$

Stellt man nun nach den beiden Differentialquotienten um, so erhält man für die Transformationsfunktion der polaren Koordinate γ ein System aus zwei linearen, partiellen Differentialgleichungen erster Ordnung.

$$\frac{\partial\gamma}{\partial\theta} = \frac{\int f(\theta,\varphi)\ d\varphi}{k_{LV}\cdot\int g(\gamma,\delta)\ d\delta}$$

$$\frac{\partial\gamma}{\partial\varphi} = \frac{\int f(\theta,\varphi)\ d\theta}{k_{LV}\cdot\int g(\gamma,\delta)\ d\delta} \tag{5.12}$$

5.2.2 TRANSFORMATIONSFUNKTION DER POLAREN WINKELKOORDINATE

Die Integration der ersten Gleichung in (5.12) nach θ und der zweiten Gleichung nach φ liefert in beiden Fällen die formale Lösung der gesuchten Funktion $\gamma(\theta,\varphi)$. Für die vollständige Lösung ist jedoch auch die Berücksichtigung möglicher Integrationskonstanten erforderlich.

Definition:

$$\gamma_\theta = \frac{\partial\,\gamma(\theta,\varphi)}{\partial\theta} \qquad \gamma_\varphi = \frac{\partial\,\gamma(\theta,\varphi)}{\partial\varphi} \tag{5.13}$$

Unter Verwendung der verkürzten Schreibweisen γ_θ und γ_φ liefert die Integration von $\gamma_\theta(\theta,\varphi)$ formal folgende Funktion für die polare Detektorkoordinate $\gamma(\theta,\varphi)$.

$$\gamma(\theta,\varphi) = \int \gamma_\theta \; d\theta + C_\gamma(\varphi) \tag{5.14}$$

Die Funktion $\gamma(\theta,\varphi)$ kann dementsprechend eine Integrationskonstante C_γ besitzen, welche vom Azimutwinkel φ abhängig ist. Um diese zu bestimmen, wird Gleichung (5.14) nach φ differenziert.

$$\gamma_\varphi = \frac{\partial}{\partial \varphi}\left(\int \gamma_\theta \; d\theta\right) + \frac{\partial \, C_\gamma(\varphi)}{\partial \varphi} \tag{5.15}$$

Daraus ergibt sich die Funktion der Integrationskonstanten $C_\gamma(\varphi)$ zu

$$C_\gamma(\varphi) = \int \gamma_\varphi \; d\varphi - \int \frac{\partial}{\partial \varphi}\left(\int \gamma_\theta \; d\theta\right) d\varphi \tag{5.16}$$

und liefert, eingesetzt in Gleichung (5.14), die vollständige Gleichung für die Transformationsfunktion der polaren Detektorkoordinate $\gamma(\theta,\varphi)$.

$$\gamma(\theta,\varphi) = \int \gamma_\theta \; d\theta + \int \gamma_\varphi \; d\varphi - \int \frac{\partial}{\partial \varphi}\left(\int \gamma_\theta \; d\theta\right) d\varphi \tag{5.17}$$

Die Funktion γ besteht demzufolge aus einem θ-abhängigen Anteil, einem φ-abhängigen Anteil und einem gemischten θ-φ-abhängigen Anteil.

Setzt man die erste Gleichung des Differentialgleichungssystems (5.12) in den ersten und den dritten Term der Gleichung (5.17) und die zweite Gleichung aus (5.12) in den zweiten Term der Gleichung (5.17) ein, so erhält man die Transformationsfunktion für die Polarkoordinate γ der Detektorlichtverteilung.

$$\gamma(\theta,\varphi) = \int \left(\frac{\int f(\theta,\varphi)\ d\varphi}{k_{LV} \cdot \int g(\gamma,\delta)\ d\delta} \right) d\theta$$

$$+ \int \left(\frac{\int f(\theta,\varphi)\ d\theta}{k_{LV} \cdot \int g(\gamma,\delta)\ d\delta} \right) d\varphi \qquad (5.18)$$

$$- \int \frac{\partial}{\partial\varphi} \left(\int \left(\frac{\int f(\theta,\varphi)\ d\varphi}{k_{LV} \cdot \int g(\gamma,\delta)\ d\delta} \right) d\theta \right) d\varphi$$

5.2.3 Interpretation der Gleichungen

Die Interpretation der Ergebnisse beginnt mit der Verdeutlichung des folgenden prinzipiellen Zusammenhangs. Die Integration einer raumwinkelgewichteten Lichtstärkefunktion $f(\theta,\varphi)$ (siehe Gleichung (5.5)) nach der Polarkoordinate θ entspricht der azimutalen Richtungsableitung der zugehörigen Lichtstromfunktion $\Phi(\theta,\varphi)$. Die Integration nach der Azimutkoordinate hingegen stellt die polare Richtungsableitung dar. Für die raumwinkelgewichteten Lichtstärkefunktion $f(\theta,\varphi)$ der Lichtquelle gilt

$$\int f(\theta,\varphi)\ d\varphi = \frac{\partial\ \Phi_q(\theta,\varphi)}{\partial\theta}$$

$$\int f(\theta,\varphi)\ d\theta = \frac{\partial\ \Phi_q(\theta,\varphi)}{\partial\varphi} \qquad (5.19)$$

und für die entsprechende Funktion des Detektors gilt demzufolge

$$\int g(\gamma,\delta)\ d\delta = \frac{\partial\ \Phi_d(\gamma,\delta)}{\partial\gamma}$$

$$\int g(\gamma,\delta)\ d\gamma = \frac{\partial\ \Phi_d(\gamma,\delta)}{\partial\delta}. \qquad (5.20)$$

Setzt man die rechtsseitigen Terme aus Gleichung (5.19) in das partielle Differentialgleichungssystem (5.12) ein, so erhält man

$$\frac{\partial \gamma}{\partial \theta} = \frac{\dfrac{\partial\, \Phi_q\left(\theta,\varphi\right)}{\partial \theta}}{k_{LV} \cdot \dfrac{\partial\, \Phi_d\left(\gamma,\delta\right)}{\partial \gamma}}$$

$$\frac{\partial \gamma}{\partial \varphi} = \frac{\dfrac{\partial\, \Phi_q\left(\theta,\varphi\right)}{\partial \varphi}}{k_{LV} \cdot \dfrac{\partial\, \Phi_d\left(\gamma,\delta\right)}{\partial \gamma}}.$$

$$(5.21)$$

Das zu lösende partielle Differentialgleichungssystem (5.12) stellt demzufolge lediglich die Verhältnisse der einzelnen Richtungsableitungen der Lichtstromfunktionen zwischen Lichtquelle und Detektor dar.

Werden die rechtsseitigen Terme aus Gleichung (5.19) in Gleichung (5.17) eingesetzt, so nimmt die Transformationsfunktion des Detektorpolarwinkels folgende alternative Form an.

$$\gamma\left(\theta,\varphi\right) = \int \frac{\dfrac{\partial\, \Phi_q\left(\theta,\varphi\right)}{\partial \theta}}{k_{LV} \cdot \dfrac{\partial\, \Phi_d\left(\gamma,\delta\right)}{\partial \gamma}}\, d\theta$$

$$+ \int \frac{\dfrac{\partial\, \Phi_q\left(\theta,\varphi\right)}{\partial \varphi}}{k_{LV} \cdot \dfrac{\partial\, \Phi_d\left(\gamma,\delta\right)}{\partial \gamma}}\, d\varphi$$

$$- \int \frac{\partial}{\partial \varphi}\left(\int \frac{\dfrac{\partial\, \Phi_q\left(\theta,\varphi\right)}{\partial \theta}}{k_{LV} \cdot \dfrac{\partial\, \Phi_d\left(\gamma,\delta\right)}{\partial \gamma}}\, d\theta \right) d\varphi$$

$$(5.22)$$

Daraus erkennt man, dass sich die Strahlzuordnung aus den einzelnen Verhältnissen der Richtungsableitungen der gegebenen und der gewünschten Lichtstromfunktion bestimmen lässt.

5.2.4 TRANSFORMATIONSFUNKTION DER AZIMUTALEN WINKELKOORDINATE

Wie bereits erwähnt wurde, können die Transformationsfunktionen der Strahlzuordnung $\gamma(\theta,\varphi)$ und $\delta(\theta,\varphi)$ aufgrund der Energieerhaltung nicht voneinander unabhängig sein. In diesem Abschnitt wird gezeigt, wie man diese Abhängigkeit und somit die korrespondierende Funktion formell herleitet.

Die Integration der ersten Differentialgleichung in (5.12) nach θ ergibt

$$\gamma(\theta,\varphi) = \frac{\iint f(\theta,\varphi)\,d\theta\,d\varphi}{k_{LV} \cdot \int g(\gamma,\delta)\,d\delta} = \frac{\Phi_q(\theta,\varphi)}{k_{LV} \cdot \dfrac{\partial\,\Phi_d(\gamma,\delta)}{\partial\gamma}}. \qquad (5.23)$$

Wendet man die Vorgehensweise, welche von Gleichung (5.10) auf das Differentialgleichungssystem (5.12) geführt hat, anstatt auf die polare Detektorkoordinate γ jetzt auf die Funktion der azimutalen Koordinate δ an und integriert anschließend nach θ, so erhält man in Analogie zu Gleichung (5.23)

$$\delta(\theta,\varphi) = \frac{\iint f(\theta,\varphi)\,d\theta\,d\varphi}{k_{LV} \cdot \int g(\gamma,\delta)\,d\gamma} = \frac{\Phi_q(\theta,\varphi)}{k_{LV} \cdot \dfrac{\partial\,\Phi_d(\gamma,\delta)}{\partial\delta}}. \qquad (5.24)$$

Die beiden erhaltenen Gleichungen (5.23) und (5.24) werden nun nach der Lichtstromfunktion der Lichtquelle umgestellt.

$$\begin{aligned}
\Phi_q(\theta,\varphi) &= \gamma(\theta,\varphi) \cdot k_{LV} \cdot \frac{\partial\,\Phi_d(\gamma,\delta)}{\partial\gamma} \\[2mm]
&= \delta(\theta,\varphi) \cdot k_{LV} \cdot \frac{\partial\,\Phi_d(\gamma,\delta)}{\partial\delta}
\end{aligned} \qquad (5.25)$$

Das Gleichsetzen der beiden rechtsseitigen Terme ergibt

$$\delta(\theta,\varphi) \cdot \frac{\partial \, \Phi_{\mathrm{d}}(\gamma,\delta)}{\partial \delta} = \gamma(\theta,\varphi) \cdot \frac{\partial \, \Phi_{\mathrm{d}}(\gamma,\delta)}{\partial \gamma}. \tag{5.26}$$

Das abschließende Umstellen nach δ liefert die gesuchte Abhängigkeit der azimutalen Detektorkoordinatenfunktion von der polaren.

$$\delta(\gamma) = \gamma(\theta,\varphi) \cdot \frac{\dfrac{\partial \, \Phi_{\mathrm{d}}(\gamma,\delta)}{\partial \gamma}}{\dfrac{\partial \, \Phi_{\mathrm{d}}(\gamma,\delta)}{\partial \delta}} \tag{5.27}$$

Die Gleichung (5.27) bedeutet, dass die Funktion $\delta(\gamma)$ der Funktion $\gamma(\theta,\varphi)$ entspricht, welche zusätzlich mit dem Verhältnis der polaren zur azimutalen Richtungsableitung der Lichtstromfunktion des Detektors gewichtet ist. Darüber hinaus ist zu erkennen, dass die Funktion der azimutalen Detektorkoordinate δ formal direkt von γ abhängt. Von θ und φ ist sie hingegen über die Funktion $\gamma(\theta,\varphi)$ nur indirekt abhängig.

5.2.5 ANFANGSBEDINGUNG FÜR DIE STRAHLZUORDNUNG

Für die eindeutige Bestimmung der Transformationsfunktion der polaren Winkelkoordinaten (5.22) sind Anfangsbedingungen erforderlich. Wie bereits im Abschnitt 4.1 erwähnt wurde, ist es im Fall nichtrotationssymmetrischer Lichtverteilungen nicht ausreichend, als Anfangsbedingung lediglich einem Quellstrahl einen bestimmten Detektorstrahl zuzuweisen.

Zu einer geeigneten Anfangsbedingung führt die folgende Vorgehensweise. Zunächst wählt man in den Lichtverteilungen der Lichtquelle und des Detektors jeweils die azimutalen Anfangskoordinaten φ_0 und δ_0 aus und hält diese konstant.

$$\varphi_0 = \mathrm{const} \qquad \delta_0 = \mathrm{const} \tag{5.28}$$

Anschließend zieht man eine gedanklich Verbindungslinie zwischen den zwei Mittelpunktsstrahlen

$$\vec{S_q}\left(\theta_0,\varphi_0\right),\ \vec{S_d}\left(\gamma_0,\delta_0\right) \qquad (5.29)$$

und den zugehörigen Randstrahlen beider Lichtverteilungen.

$$\vec{S_q}\left(\theta_{max},\varphi_0\right),\ \vec{S_d}\left(\gamma_{max},\delta_0\right) \qquad (5.30)$$

Aus Gleichung (5.23) erhält man für diesen Fall

$$\gamma\left(\theta,\varphi_0\right)=\frac{\Phi_q\left(\theta,\varphi_0\right)}{k_{LV}\cdot\dfrac{\partial\,\Phi_d\left(\gamma,\delta_0\right)}{\partial\gamma}}. \qquad (5.31)$$

Infolge der Unabhängigkeit von den azimutalen Winkelkoordinaten φ auf der gedachten Verbindungslinie gilt für die Transformationsfunktion der polaren Winkelkoordinaten demzufolge

$$\gamma\left(\theta\right)=\frac{\Phi_q\left(\theta\right)}{k_{LV}\cdot\dfrac{\partial\,\Phi_d\left(\gamma\right)}{\partial\gamma}}. \qquad (5.32)$$

Diese Funktion lässt sich mit dem 2D-Strahlzuordnungsverfahren bestimmen und stellt eine geeignete Anfangsbedingung für die 3D-Strahlzuordnung mit den Gleichungen (5.18) und (5.27) dar.

Mit den in diesem Unterkapitel getroffenen Vereinfachungen ist es nun möglich, beliebige Lichtstärkeverteilungen zu transformieren und die zugehörigen Strahlzuordnungen zu berechnen. Aufgrund der Aufteilung der Gesamttransformation in zwei Teiltransformationen (der polaren und der azimutalen Detektorwinkelkoordinaten) und der Bestimmung der damit verbundenen Abhängigkeit $\delta(\gamma)$ vereinfacht sich das mathematische Modell in entscheidender Art und Weise. Das resultierende lineare, partielle Differentialgleichungssystem (5.12) lässt sich infolgedessen mit Standardmethoden zur Lösung von Differentialgleichungen handhaben. In dieser Arbeit wurde der MATLAB-Löser ode45 verwendet, welcher auf dem Runge-Kutta-Verfahren basiert.

5.3 GENERIERUNG NICHTROTATIONSSYMMETRISCHER FREIFORMFLÄCHEN

Nachdem das Strahlzuordnungsverfahren auf den 3D-Fall erweitert wurde, kann man jetzt zur Berechnung der optischen Freiformflächen übergehen. Die Strahlumlenkung in einem nichtrotationssymmetrischen System wird in jedem Punkt der Fläche von zwei Neigungen bestimmt, der in polarer und der in azimutaler Richtung.

5.3.1 HERLEITUNG DES DIFFERENTIALGLEICHUNGSSYSTEMS

Die Herleitung der Differentialgleichung nichtrotationssymmetrischer optischer Freiformflächen erfolgt analog zur Vorgehensweise in Abschnitt 4.2.3. Die Form der Gleichungen bleibt erhalten, jedoch werden sie um den zusätzlichen Parameter φ erweitert. Die optische Kurve K_{opt} nimmt im 3D-Fall die Form der optischen Freiformfläche F_{opt} an und folgt formal aus der Erweiterung von Gleichung(4.10).

$$F_{opt}\left(r(\theta,\varphi),\theta,\varphi\right) = P_{opt}\left(r(\theta,\varphi),\theta,\varphi\right) = P_q + r(\theta,\varphi)\cdot\vec{q}(\theta,\varphi) \tag{5.33}$$

Das Vektorfeld $\vec{d}$ beinhaltet die Richtungen der Detektorstrahlen, welche mit den Gleichungen (5.18) und (5.27) des erweiterten Strahlzuordnungsverfahren berechnet wurden.

$$\vec{d}(\gamma,\delta) = \begin{pmatrix} \sin(\gamma)\cdot\cos(\delta) \\ \sin(\gamma)\cdot\sin(\delta) \\ \cos(\gamma) \end{pmatrix} \tag{5.34}$$

Zu F_{opt} gehört das in kartesischen Koordinaten formulierte Normalvektorfeld

$$\vec{n}_{opt}(\theta,\varphi) = \frac{\vec{d}(\theta,\varphi) - n\cdot\vec{q}(\theta,\varphi)}{\left|\vec{d}(\theta,\varphi) - n\cdot\vec{q}(\theta,\varphi)\right|}. \tag{5.35}$$

Das Normalvektorfeld wird genutzt, um die Bedingung zu formulieren, dass die Richtungsableitungen in jedem Punkt der optischen Freiformfläche stets senkrecht zur zugehörigen Normale liegen.

$$\vec{n}_{opt}(\theta,\varphi)\cdot\frac{d\,F_{opt}(r,\theta,\varphi)}{d\theta}=0$$
$$\vec{n}_{opt}(\theta,\varphi)\cdot\frac{d\,F_{opt}(r,\theta,\varphi)}{d\varphi}=0 \tag{5.36}$$

Die Freiformfläche ist durch dieses Differentialgleichungssystem und die zugehörige Anfangsbedingung bereits vollständig definiert. Auch in diesem Fall bietet sich die Umformung in eine leichter lösbare Form an. Dazu wird Gleichung (5.33) in das Differentialgleichungssystem (5.36) eingesetzt.

$$\vec{n}_{opt}(\theta,\varphi)\cdot\left(\frac{d\,r(\theta,\varphi)}{d\theta}\cdot\vec{q}(\theta,\varphi)+r(\theta,\varphi)\cdot\frac{d\,\vec{q}(\theta,\varphi)}{d\theta}\right)=0 \tag{5.37}$$

Umstellen führt auf den Ausdruck

$$\vec{n}_{opt}(\theta,\varphi)\cdot\frac{d\,r(\theta,\varphi)}{d\theta}\cdot\vec{q}(\theta,\varphi)=-\vec{n}_{opt}(\theta,\varphi)\cdot r(\theta,\varphi)\cdot\frac{d\,\vec{q}(\theta,\varphi)}{d\theta}. \tag{5.38}$$

Dieselbe Vorgehensweise wird ebenfalls auf die zweite Gleichung in (5.36) angewendet. Das anschließende Umstellen nach den Differentialquotienten ergibt das gesuchte Differentialgleichungssystem für die Strahllänge $r(\theta,\varphi)$.

$$\frac{d\,r(\theta,\varphi)}{d\theta}=-\frac{\vec{n}_{opt}(\theta,\varphi)\cdot r(\theta,\varphi)}{\vec{n}_{opt}(\theta,\varphi)\cdot\vec{q}(\theta,\varphi)}\cdot\frac{d\,\vec{q}(\theta,\varphi)}{d\theta}$$

$$\tag{5.39}$$

$$\frac{d\,r(\theta,\varphi)}{d\varphi}=-\frac{\vec{n}_{opt}(\theta,\varphi)\cdot r(\theta,\varphi)}{\vec{n}_{opt}(\theta,\varphi)\cdot\vec{q}(\theta,\varphi)}\cdot\frac{d\,\vec{q}(\theta,\varphi)}{d\varphi}$$

Diese beiden Differentialgleichungen sind nicht unabhängig voneinander. Infolgedessen ist die Lösung einer der beiden Differentialgleichungen aus dem System (5.39) ausreichend. Die vollständige Lösung liefert die Funktion der Strahllänge $r(\theta,\varphi)$. Eine geeignete Anfangsbedingung stellt die Vorgabe einer festen Strahllänge für einen bestimmten Strahl dar. Am zweckmäßigsten hierfür ist die Strahllänge des Mittelpunktstrahls.

$$r_0 = r\left(\theta_0,\varphi_0\right) \tag{5.40}$$

Diese Angabe ist gleichbedeutend mit der Positionierung der Freiformfläche im Gesamtsystem. Ausgehend von der Position der Lichtquelle ist die Strahllängenfunktion $r(\theta,\varphi)$ äquivalent zur gesuchten optischen Freiformfläche, siehe auch die Abschnitte 4.2.3 und 4.2.4.

Die zu lösende Differentialgleichung (5.39) besitzt eine mit numerischen Standardlösungsverfahren handhabbare Form. Das Ergebnis einer numerischen Berechnung stellt eine geordnete Menge an Punkten $P_{opt}(\theta,\varphi)$ der gesuchten Freiformfläche $F_{opt}(\theta,\varphi)$ dar. Diese Punktwolke lässt sich mit einem Spline zu einer Fläche approximieren.

5.3.2 SYSTEME MIT WEITEREN OPTISCHEN FLÄCHEN

Die vorgestellte Methode der Maßberechnung einer nichtrotationssymmetrischen Freiformfläche lässt sich auf komplexere Systeme erweitern, welche noch weitere fest vorgegebene optische Flächen enthalten. Die bereits im Abschnitt 4.2.5 beschriebenen formellen Herleitungen sind sinngemäß auf den Maßberechnungsalgorithmus für 3D-Freiformflächen anzuwenden. Im Ergebnis erhält man lineare, partielle Differentialgleichungen.

Für den Fall einer fest vorgegebenen optischen Fläche im Strahlengang vor der Maßberechnungsfläche ergibt sich analog zu Differentialgleichung (4.19) die folgende partielle Differentialgleichung.

$$\frac{d\,r(\theta,\varphi)}{d\theta} = -\frac{\vec{n}_{opt}(\theta,\varphi)}{\vec{n}_{opt}(\theta,\varphi)\cdot\vec{q}(\theta,\varphi)}\cdot\left(r(\theta,\varphi)\cdot\frac{d\,\vec{q}(\theta,\varphi)}{d\theta}+\frac{d\,\vec{P}_q}{d\theta}\right) \tag{5.41}$$

Ist die fest vorgegebene optische Fläche nach der Maßberechnungsfläche im Strahlengang angeordnet, so erhält man in Analogie zu Gleichung (4.24)

$$\frac{d\,r(\theta,\varphi)}{d\theta} = -\frac{\vec{n}_{opt}(s,\theta,\varphi)}{\vec{n}_{opt}(s,\theta,\varphi)\cdot\vec{q}(\theta,\varphi)}\cdot\left(r(\theta,\varphi)\cdot\frac{d\,\vec{q}(\theta,\varphi)}{d\theta}\right). \qquad (5.42)$$

Die fest vorgegebenen optischen Flächen können beliebige zweifach stetig differenzierbare Geometrien sein, sowohl nicht- als auch rotationssymmetrisch.

5.3.3 NICHTROTATIONSSYMMETRISCHE SYSTEME MIT ZWEI FREIFORMFLÄCHEN

Des Weiteren ist prinzipiell ebenfalls eine Erweiterung der 3D-Maßberechnungsmethode auf die simultane Maßberechnung optischer Systeme möglich. Die Herleitung verläuft analog zur Vorgehensweise in Abschnitt 4.2.6 und führt auf die folgende Differentialgleichung.

$$\frac{d\,r_2(\theta,\varphi)}{d\theta} = -\frac{\vec{n}_{opt2}(r_2,\theta,\varphi)}{\vec{n}_{opt2}(r_2,\theta,\varphi)\cdot\vec{q}(\theta,\varphi)}\cdot\left(r_2\cdot\frac{d\vec{q}(\theta,\varphi)}{d\theta}-\frac{d\,P_d(\theta,\varphi)}{d\theta}\right) \qquad (5.43)$$

5.4 KURZDARSTELLUNG DES MAßBERECHNUNGSALGORITHMUS

Mit dem im vorangegangenen und im aktuellen Kapitel vorgestellten Algorithmus können sowohl in nicht- als auch in rotationssymmetrischen optischen Systemen Freiformoptiken, mit der unter den gegebenen Umständen maximal erreichbaren optischen Effizienz, maßberechnet werden. An dieser Stelle wird der Ablauf des Maßberechnungsprozesses zur besseren Verständlichkeit in Kurzform zusammengefasst.

Zuerst muss der Optikentwickler die Systemeigenschaften eingeben. Im Einzelnen sind dies die Positionen der Lichtquelle und des Detektors, die Brechungsindices der verwendeten optischen Medien sowie eventuell weitere fest vorgegebene optische Flächen im System.

Im zweiten Schritt müssen jetzt die Eingangsgrößen vorgeben werden. Dabei handelt es sich einerseits um die gegebene Abstrahlcharakteristik der Lichtquelle und die gewünschte Detektorlichtverteilung in Form von mindestens einfach stetig differenzierbaren Lichtstärkefunktionen und deren Definitionsbereichen.

$$I_q(\theta,\varphi), \qquad I_d(\gamma,\delta)$$
$$\theta_0 \le \theta \le \theta_{max}, \qquad \gamma_0 \le \gamma \le \gamma_{max} \qquad (5.44)$$
$$\varphi_0 \le \varphi \le \varphi_{max}, \qquad \delta_0 \le \delta \le \delta_{max}$$

Abschließend werden noch die Anfangsbedingungen für die Strahlzuordnung in Form der azimutalen Anfangskoordinaten φ_0 und δ_0, siehe Gleichung (5.28), sowie der gewählte Startpunkt $P_{opt}(\theta_0,\varphi_0)$ der zu berechnenden Freiformfläche benötigt. An dieser Stelle ist die eigentliche Arbeit für den Optikentwickler erledigt und es muss nur noch die Maßberechnung gestartet werden.

Der Algorithmus beginnt mit der Berechnung der Strahlzuordnung, indem die partielle, lineare Differentialgleichung erster Ordnung

$$\frac{\partial \gamma}{\partial \theta} = \frac{\int f(\theta,\varphi)\, d\varphi}{k_{LV} \cdot \int g(\gamma,\delta)\, d\delta} \qquad (5.45)$$

aus dem Gleichungssystem (5.12) numerisch gelöst wird. Die erhaltene Lösung der Transformationsfunktion $\gamma(\theta,\varphi)$ für den Detektorpolarwinkel wird in Gleichung (5.27) eingesetzt

$$\delta(\gamma) = \gamma(\theta,\varphi) \cdot \frac{\dfrac{\partial\, \Phi_d(\gamma,\delta)}{\partial \gamma}}{\dfrac{\partial\, \Phi_d(\gamma,\delta)}{\partial \delta}} \qquad (5.46)$$

und liefert die dazu korrespondierende Funktion $\delta(\gamma)$ des Azimutwinkels. Die beiden Funktionen $\gamma(\theta,\varphi)$ und $\delta(\gamma)$ sind das Ergebnis der Strahlzuordnung. Diese stellt die mathematische Transformationsvorschrift für die von der Lichtquelle emittierte Strahlenmenge dar, welche das optische System umsetzen muss, um die gewünschte Detektorlichtverteilung zu erzeugen.

Die Transformationsfunktionen $\gamma(\theta,\varphi)$ und $\delta(\gamma)$ werden in Gleichung (5.34) eingesetzt. Diese liefert die Strahlrichtungen der Detektorstrahlen

$$\vec{d}(\gamma,\delta) = \begin{pmatrix} \sin(\gamma)\cdot\cos(\delta) \\ \sin(\gamma)\cdot\sin(\delta) \\ \cos(\gamma) \end{pmatrix}, \tag{5.47}$$

welche wiederum als Eingangsgrößen für die Berechnung des Normalvektorfeldes der gesuchten Freiformfläche F_{opt} dienen.

$$\vec{n}_{opt}(\theta,\varphi) = \frac{\vec{d}(\theta,\varphi) - n\cdot\vec{q}(\theta,\varphi)}{\left|\vec{d}(\theta,\varphi) - n\cdot\vec{q}(\theta,\varphi)\right|} \tag{5.48}$$

Der Maßberechnungsalgorithmus berechnet zunächst aus dem vorgegebenen Startpunkt der Freiformfläche mit Gleichung (5.40)

$$r_0 = r(\theta_0,\varphi_0) = \left|\vec{P}_{opt}(\theta_0,\varphi_0) - \vec{P}_q(\theta_0,\varphi_0)\right| \tag{5.49}$$

die Strahllänge r_0 des Mittelpunktstrahls. Dies ist die notwendige Anfangsbedingung, damit die partielle, lineare Differentialgleichung erster Ordnung

$$\frac{d\,r(\theta,\varphi)}{d\theta} = -\frac{\vec{n}_{opt}(\theta,\varphi)\cdot r(\theta,\varphi)}{\vec{n}_{opt}(\theta,\varphi)\cdot\vec{q}(\theta,\varphi)}\cdot\frac{d\,\vec{q}(\theta,\varphi)}{d\theta} \tag{5.50}$$

aus dem Gleichungssystem (5.39) gelöst werden kann. Die numerisch bestimmte Lösung liefert eine lexikografisch geordnete Punktmenge der gesuchten kontinuierlichen Freiformfläche. Diese wird abschließend mit einem Spline zu einer Fläche approximiert.

Der prinzipielle Ablauf des Maßberechnungsprozesses wird in der folgenden Abbildung schematisch dargestellt.

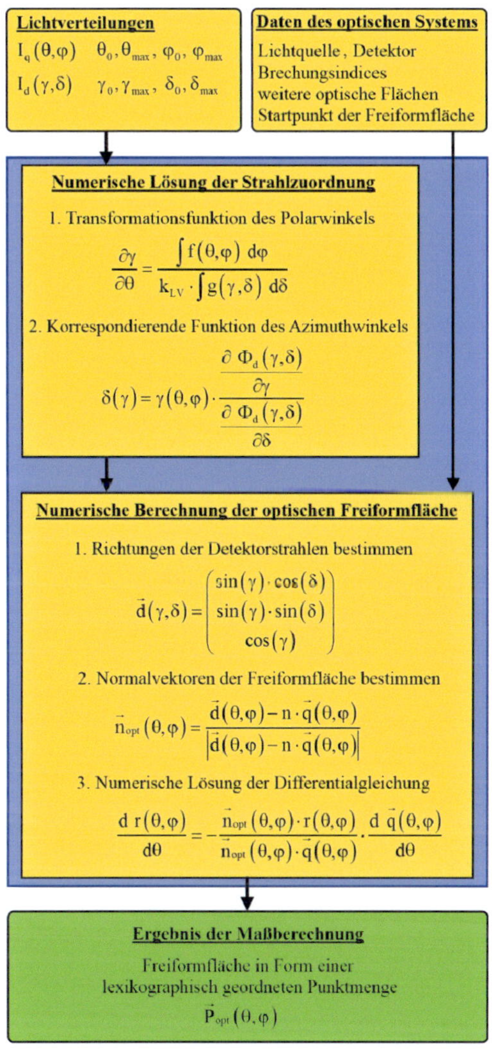

Bild 5.1:   *Ablaufplan des Maßberechnungsalgorithmus*

Zur numerischen Berechnung der Strahlzuordnung und der nichtrotationssymmetrischen Freiformfläche wird ebenfalls der MATLAB-Solver ode45 verwendet.

Die in diesem Kapitel vorgestellte Methode lässt sich prinzipiell auch auf den Fall des Beleuchtungsstärkedetektors anwenden. Die Berechnung der Normalvektoren verläuft analog der Vorgehensweise in Abschnitt 4.2.3, jedoch unter Berücksichtigung der zusätzlichen Systemabhängigkeit vom Azimutwinkel φ.

KAPITEL 6

DISKUSSION DES MAßBERECHNUNGSALGORITHMUS

Im aktuellen Kapitel werden die Leistungsfähigkeit und die Grenzen des in den beiden vorangegangenen Kapiteln vorgestellten Maßberechnungs-algorithmus wissenschaftlich diskutiert.

6.1 CHARAKTERISIERUNG UND ABGRENZUNG ZU BEKANNTEN VERFAHREN

Der wesentliche Vorteil der Maßberechnungsmethode liegt darin, dass für die mathematische Formulierung lediglich zwei lineare, partielle Differen-tialgleichungen erster Ordnung erforderlich sind. Aufgrund dessen sind die Anforderungen an das Lösungsverfahren im Vergleich zu anderen Methoden deutlich geringer und ermöglichen die Anwendung direkter Lösungsverfahren anstelle iterativer Näherungsverfahren. Dies stellt einen bedeutenden Unterschied zu den meisten bekannten Verfahren dar. Gleiches gilt ebenfalls für die Verwendung des Typs der Freiformflächen.

Die Maßberechnungsmethode lässt sich durch folgende Punkte charakterisieren.

1. *Die Optikberechnung wird in zwei separate Problemstellungen aufgeteilt, welche nacheinander gelöst werden. Die Lösung der Strahlzuordnung fließt direkt in die anschließende Freiformflächenberechnung ein.*

2. *An die Strahlzuordnung wird die Forderung gestellt, dass die lexiko-graphische Ordnung der Strahlenmenge, welche sowohl die Quell- als auch die Detektorlichtverteilung erzeugt, erhalten bleibt. Erst infolgedessen ist es gerechtfertigt, die Quell- und Ziellichtverteilung mit stetig differenzier-baren Funktionen des Typs $f(x,y)$ zu beschreiben und in einen direkten formellen Zusammenhang zu bringen.*

3. *Die Berechnungsvorschriften für die Strahlzuordnung und die optischen Freiformflächen sind mathematisch in Form zweier linearer, partieller Differentialgleichungen erster Ordnung formuliert.*

4. *Die linearen, partiellen Differentialgleichungen erster Ordnung sind mit numerischen Standardverfahren direkt lösbar und liefern stetig differenzierbare Funktionen. Infolgedessen erhält man kontinuierliche optische Freiformflächen in Form geordneter Punktwolken.*

In der Gesamtheit dieser Punkte stimmt keines der im Unterkapitel 3.2 aufgeführten Entwurfsverfahren mit der Maßberechnung überein. Im Folgenden wird insbesondere auf die bestehenden Unterschiede hingewiesen.

Die Maßberechnungsmethode und das Randstrahlenprinzip [19], [31] besitzen folgende Gemeinsamkeit. In beiden Fällen erzeugen die Randstrahlen der Lichtquelle den Rand der Detektorlichtverteilung. Dies beruht auf der Tatsache, dass auch das Randstrahlenprinzip im Grunde genommen auf einer Art von Strahlzuordnung basiert. Deren Berechnung erfolgt jedoch nicht unabhängig von der Flächenberechnung sondern in ein und demselben Schritt. Diese Zuordnung wird jedoch nur für die Randstrahlen durchgeführt. Die Maßberechnung hingegen ordnet jedem einzelnen Quellstrahl einen Detektorstrahl zu. Infolgedessen erhält der Optikentwickler die uneingeschränkte Kontrolle über die gesamte Lichtverteilung und nicht nur über deren Rand.

Die SMS-Methode [1], [2] verwendet einen ganz speziellen Flächentyp, das kartesische Oval. Aufgrund dessen ist die Anzahl der zu berechnenden Flächen auf genau zwei festgelegt. Des Weiteren wird die gesuchte optische Komponente aus sehr vielen Teilstücken kartesischer Ovale zusammengesetzt. Für nichtrotationssymmetrische Systeme erfordert dies eine sehr aufwändige, iterative Flächenapproximation. Die Maßberechnungsmethode liefert die gesuchte Freiformfläche in einem einzigen Schritt und ist darüber hinaus in der Lage auch einzelne optische Flächen zu berechnen.

Die Gemeinsamkeit des vorgestellten Maßberechnungsalgorithmus mit der Maßschneidermethode nach Ries und Muschaweck [29] besteht darin, dass die mathematische Formulierung in Form von Differentialgleichungen erfolgt und die Lösung ebenfalls mit einem direkten Verfahren bestimmt wird. Der grundlegende Unterschied besteht im Modellierungsansatz. Ries und Muschaweck verwenden das Wellenfrontprinzip, welches in seiner Wirkung äquivalent zum Strahlabstandsprinzip ist. Die Wellenfronten der Lichtquelle und der gewünschten Detektorlichtverteilung werden in einen direkten Zusammenhang mit der Krümmungsverteilung auf der gesuchten optischen Fläche gesetzt. Ries und Muschaweck formulieren die gesamte Aufgabenstellung in einem einzigen nichtlinearen, partiellen Differentialgleichungssystem zweiter Ordnung, welches aus insgesamt sechs Gleichungen besteht. Dies stellt sehr hohe Anforderungen an das numerische Lösungsverfahren. Die vorgestellte Maßberechnungsmethode hingegen erfordert lediglich, dass zwei lineare, partielle Differentialgleichungen erster Ordnung einzeln nacheinander gelöst werden.

Die Integrable-Maps-Methode [13], [14] beinhaltet ebenso wie die Maßberechnung eine Aufteilung der Aufgabenstellung in eine der Strahlzuordnung entsprechenden Phase und der anschließenden Generierung der eigentlichen Reflektorfläche. An dieser Stelle enden jedoch bereits die Gemeinsamkeiten. Bei der Maßberechnung werden beide Teilprobleme in Form zweier linearer Differentialgleichungen formuliert, welche mit einem numerischen Standardlösungsverfahren direkt gelöst werden können. Die Integrable-Maps-Methode hingegen verwendet keine Differentialgleichungen. Die integrierbare Abbildungsvorschrift, welche die Integrabilitätsbedingung in guter Näherung erfüllt, wird durch zwei iterative Optimierungsprozesse bestimmt. Die anschließende Generierung der Punktewolke der Reflektorfläche erfolgt durch einen geometrischen Konstruktionsalgorithmus und unterscheidet sich daher grundlegend von der in dieser Arbeit verwendeten Methode.

Ein bedeutender Unterschied zu den Methoden von Ries, Muschaweck [29] und Fournier, Cassarly, Rolland [13], [14] besteht darin, dass die Maßberechnung nicht die Erfüllung der Integrabilitätsbedingung in Form einer zusätzlichen Gleichung fordern muss, um kontinuierliche Flächen zu erhalten. Aufgrund der verwendeten stetig differenzierbaren Lichtverteilungsfunktionen liefert die ordnungserhaltende Strahlzuordnung im Ergebnis ebenfalls stetig differenzierbare Funktionen, welche bereits die Integrabilitätsbedingung erfüllen. Infolgedessen existiert eine stetig differenzierbare Freiformfläche, welche die gewünschte Transformation der Lichtverteilung realisiert.

6.2 TOPOLOGIE DER LICHTVERTEILUNGEN

Um die Leistungsfähigkeit des Maßberechnungsalgorithmus richtig einschätzen zu können, ist es wichtig zu wissen, welche Anforderung an die Topologie der Lichtverteilungen sowohl der Lichtquelle als auch des Detektors zu stellen sind. Die Forderung lautet, dass die Lichtverteilungen über ein einfach oder zweifach zusammenhängendes, abgeschlossenes Gebiet definiert sind. Das betrachtete Gebiet ist im Fall des Lichtstärkedetektors mit dem erfassten Raumwinkel und im Beleuchtungsstärkedetektorfall mit der zu bestrahlenden Fläche identisch. Ein „abgeschlossenes Gebiet" ist eine Punktmenge inklusive aller Randpunkte. Ein „einfach zusammenhängendes Gebiet" besitzt kein Loch. „Zweifach zusammenhängend" hingegen bedeutet, dass das betrachtet Gebiet genau ein Loch aufweist.

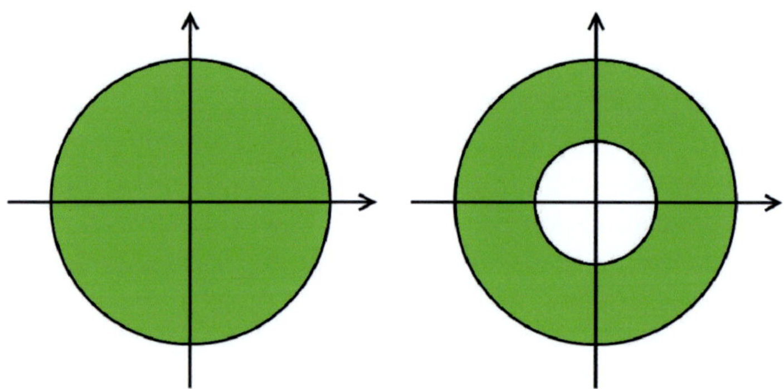

Abbildung 6.1:   Beispiele abgeschlossener Gebiete
a) einfach zusammenhängend   b) zweifach zusammenhängend

Dieses Gebiet muss die optische Achse beinhalten, damit die Maßberechnung funktioniert. Weitere Fälle zusammenhängender Gebiete erfordern die Aufteilung der Ziellichtverteilungen in mehrere einfach oder zweifach zusammenhängende Gebiete. Die Maßberechnung erfolgt anschließend in separaten Durchläufen.

Von besonderer Bedeutung ist die Tatsache, dass auch Verteilungen über einem zweifach zusammenhängenden Gebiet erlaubt sind. Dies ermöglicht die Unterteilung der Aufgabenstellung in polarwinkelabhängige Teilprobleme. Dies wiederum erlaubt es, optische Oberflächen separat für bestimmte Winkelbereiche der Lichtquelle zu berechnen, z.B. für $15° \leq \theta \leq 30°$. Aufgrund dessen können auch Hybridoptiken wie der TIR-Kollimator mit der Maßberechnung entworfen werden.

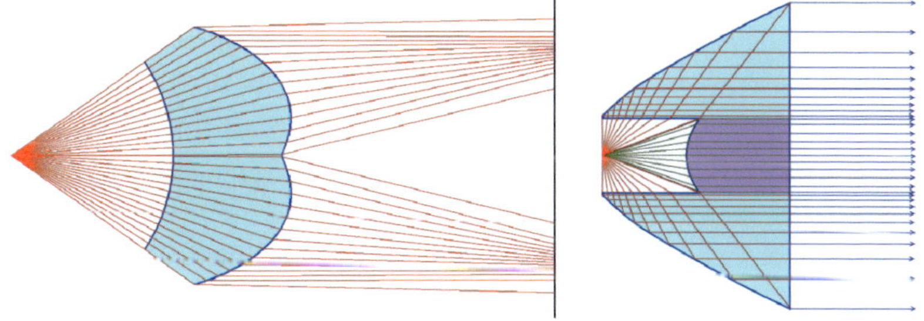

Abbildung 6.2: Beispiele von einfach und zweifach zusammenhängenden Lichtverteilungen
a) Eine Quelllichtverteilung über einem einfach zusammenhängenden Gebiet wird durch eine Linse in eine Detektorlichtverteilung über einem zweifach zusammenhängenden Gebiet transformiert.
b) Ein TIR-Kollimator lenkt Quellstrahlen aus einem einfach und einem zweifach zusammenhängendem Gebiet auf ein einfach zusammenhängendes Gebiet des Detektors.

In Abbildung 6.2a) ist eine refraktive Linse dargestellt, welche aus einer, über einem einfach zusammenhängenden Gebiet definierten, Quelllichtverteilung eine Ziellichtverteilung über einem zweifach zusammenhängenden Gebiet auf dem Detektor erzeugt. Für den äußeren Teil des TIR-Kollimators in Abbildung 6.2b) stellen die roten Strahlen eine Quelllichtverteilung über einem zweifach zusammenhängenden Gebiet dar. Die grünen Strahlen hingegen stellen für den inneren Teil eine Quelllichtverteilung über einem einfach zusammenhängenden Gebiet dar. Der TIR-Kollimator lenkt beide Teile der Quelllichtverteilung auf das einfach zusammenhängende Gebiet (blaue Strahlen) des Detektors um.

6.3 NUMERISCHER LÖSUNGSANSATZ

In den beiden vorangegangenen Kapiteln wurde gezeigt, wie Beleuchtungsaufgaben analytisch formuliert werden können. Doch nicht zu jeder analytischen formulierten Aufgabenstellung existiert auch eine analytische Lösung. Ein numerischer Lösungsansatz vereinfacht nicht nur das Finden der Lösung, sondern erlaubt darüber hinaus auch die Eingabe und Verarbeitung von numerischen Datensätzen anstelle analytischer Gleichungen. Diese Möglichkeit bringt zwei große Vorteile mit sich.

Erstens, auf diese Weise können auch nichtanalytisch beschreibbare Lichtverteilungen als Eingangsgrößen für die Lichtquelle aber vor allem auch für den Detektor verwendet werden. Dies trifft beispielsweise auf Verteilungen zu, welche sehr große und sehr kleine Gradienten beinhalten. Ein praktisches Beispiel hierfür ist die Lichtverteilung eines Abblend-scheinwerfers, welche neben einer breiten homogenen Seitenausleuchtung auch eine sehr starke Hell-Dunkel-Grenze in Richtung Gegenverkehr gewährleisten muss [6]. Die Erzeugung derartiger Verteilungen gestaltet sich mit Hilfe von Splines sehr einfach.

Zweitens, auch analytisch beschreibbare Verteilungen können mit Splines sehr schnell und sehr genau approximiert und dem Maßberechnungs-algorithmus als numerischer Datensatz übergeben werden. Oftmals liegt die Vermutung nahe, dass beispielsweise die Abstrahlcharakteristik aus einem LED-Datenblatt einer analytischen Gleichung folgt, diese dem Optikentwickler jedoch nicht vorliegt. Eine Spline-Approximation der Datenblattkurve erspart die zeitaufwändige Bestimmung der unbekannten Gleichung. Die gleiche Vorgehensweise erweist sich auch als vorteilhaft, wenn nur statistische Messdaten vorliegen.

Die Verwendung eines numerischen Lösungsansatzes erspart dem Optikentwickler die Ermittlung einer analytischen Formel und ermöglicht ihm des Weiteren die Anwendung des Maßberechnungsalgorithmus auf nichtanalytische Verteilungen. Die Approximation mit Splines stellt zudem die stetige Differenzierbarkeit sicher.

Ein weiterer Vorteil des verwendeten MATLAB-Solvers ode45 besteht darin, dass er mit variablen, jedoch streng monoton wachsenden Schrittweiten arbeitet. Diese Eigenschaft ermöglicht ohne zusätzlichen Programmieraufwand die Erhaltung der lexikographischen Ordnung während der Strahlzuordnung und der anschließenden Berechnung der Freiformfläche.

6.4 GENERIERUNG UND EIGENSCHAFTEN DER MAßBERECHNUNGSFLÄCHE

Wie bereits erwähnt wurde, genügt dem numerischen Lösungsalgorithmus als Anfangsbedingung ein Startpunkt. Von diesem ausgehend werden die benachbarten Punkte berechnet.

Jeder Punkt ist abhängig von seinem Nachbarpunkten und deren Normalen. Die Gesamtheit der numerisch berechneten Lösung stellt eine geordnete Wolke von Punkten dar, welche alle auf der gesuchten Freiformfläche liegen. Aus dieser kann die optische Fläche mit Splines approximiert werden.

Die erhaltene Datenstruktur beinhaltet für jeden Punkt ein Koordinatentripel sowie eine zugehörige Flächennormale. Diese Informationen gewährleisten die exakte Umlenkung eines definierten Quellstrahls auf eine vorgegebene Position auf dem Detektor. Infolgedessen besitzt die Maßberechnungsfläche in einem idealisierten Modell des optischen Systems einen lichttechnischen Wirkungsgrad von 100%.

Da jeder einzelne Punkt der Maßberechnungsfläche entlang des Strahlpfads des zugehörigen Quellstrahls liegt, wird automatisch das gesamte emittierte Licht aus dem betrachteten Gebiet der Lichtquelle erfasst. Der Rand und damit die Größe der optischen Fläche ergeben sich folglich direkt aus den Randstrahlen des erfassten Winkelbereichs der Lichtquelle.

Die Einhaltung von Rahmenvorgaben, wie beispielsweise dem Durchmesser oder der Dicke einer Linse, ist nicht ohne weiteres möglich, da der Maßberechnungsalgorithmus die optische Fläche als Ganzes berechnet. Um sich dem gewünschten Wert des Rahmenparameters anzunähern, muss der Optikentwickler zu diesem Zweck mehrere Maßberechnungen durchführen und dabei die Koordinaten des Startpunktes und/oder den erfassten Winkelbereich der Lichtquelle variieren.

Weiterhin ist anzumerken, dass die berechneten Flächen stets skalierbar sind. Das bedeutet, es gibt eine Vorschrift, nach der sich die Fläche in eine ähnliche Fläche transformiert, wenn der Abstand von der Lichtquelle sich ändert. Im Fernfeldfall entspricht dies einer einheitlichen Skalierung mit einem festen Faktor in alle Richtungen.

6.5 ÜBERGANG VON REFRAKTION AUF TOTALREFLEXION

Während der Maßberechnung kann es vorkommen, dass an einer der optischen Flächen im System beim Übergang in ein optisch dünneres Medium von einem Strahl zum nächsten der Grenzwinkel der internen Totalreflexion überschritten wird. Dies entspricht einer sprunghaften Änderung des lokalen Brechungsindex auf den Wert -1. Die Gleichungen des Maßberechnungsalgorithmus sind nicht in der Lage, diesen Fall zu berücksichtigen. Infolgedessen würde man eine physikalisch falsche Lösung erhalten. Meist geschieht dies unbeabsichtigt, beispielsweise beim Entwurf einer Linse, wenn der zu erfassende Winkelbereich der Quelle zu groß gewählt wurde.

6.6 PHYSIKALISCHE KONSISTENZ

Die Maßberechnung liefert unter Umständen auch Ergebnisse für physikalisch nicht konsistente Systeme. Beispielsweise kann Folgendes bei der Berechnung einer Linse passieren. Bei der Definition der beiden Flächen muss angegeben werden, wie sich der Brechungsindex beim Durchgang ändert. Korrekt wäre beispielsweise für die Lichteintrittsfläche ein Übergang von $n_1=1$ auf $n_2=1{,}492$ und dementsprechend für die Lichtaustrittsfläche von $n_2=1{,}492$ wieder auf $n_1=1$. Wird eines der beide

Wertepaare fälschlicherweise umgekehrt eingegeben, so berechnet der Algorithmus trotzdem eine Lösung, da diese aus mathematischer Sicht existiert. Die Gleichungen können demzufolge nicht sicherstellen, dass lediglich Lösungen für physikalisch sinnvolle Aufgabenstellungen gefunden werden.

Die Verantwortung für die korrekte Modellierung des Systemaufbaus kann daher nur ausschließlich beim Optikdesigner liegen. Bei einer programmtechnischen Implementierung könnten jedoch Konsistenztests hinsichtlich der physikalischen Korrektheit des Systemaufbaus eingebaut werden, die vor Beginn der Maßberechnung beispielsweise die Änderung der Brechungsindizes im beabsichtigten Strahlengang überprüfen.

6.7   SYSTEME MIT REALEN LICHTQUELLEN

Der vorgestellte Maßberechnungsalgorithmus basiert auf einer idealen Lichtquelle, welche einen eindeutigen Strahlengang emittiert. Die berechnete Freiformfläche kann das erfasste Licht nur dann genau so wie gewünscht umverteilen, wenn jeder Strahl nur einen einzigen Punkt der Fläche trifft.

Beim Übergang zu realistisch modellierten, ausgedehnten Lichtquellen treten aufgrund der delokalisierten Startpunkte der Lichtstrahlen Abweichungen im Strahlengang auf. Diese wirken sich umso stärker aus, je näher sich die erste optische Fläche des Systems an der ausgedehnten Lichtquelle befindet. Ist dieser Abstand mindestens zehnmal größer als die Lichtquelle selbst, so treten nur geringfügige Abweichungen in der Detektorlichtverteilung auf. Wird der Abstand jedoch kleiner, dann wird das optische System nahfeldsensitiv und umso größer fallen die Abweichungen von der gewünschten Detektorlichtverteilung aus. Für die Nahfeldsensitivität spielt es keine Rolle, ob die erste optische Fläche bereits vorgegeben war oder maßberechnet wurde. Entscheidend ist lediglich das Verhältnis zwischen Ausdehnung der Lichtquelle und dem Abstand zur ersten Fläche.

Im gleichen Maß wie das optische System nahfeldsensitiv ist, ist es auch sensitiv auf Fehlpositionierungen der einzelnen optischen Komponenten [9]. Dementsprechend gering sind die Toleranzen nahfeldsensitiver Systeme.

6.8 PRAXISRELEVANTE EINSCHÄTZUNG DER LEISTUNGSFÄHIGKEIT

Der vorgestellte Algorithmus ist in der Lage innerhalb eines bestehenden optischen Systems eine optische Komponente maßzuberechnen, welche sich aus einer oder mehrerer optischen Flächen zusammensetzt. Dieses System muss darüber hinaus mindestens noch eine Lichtquelle und einen Detektor besitzen. Es kann aber auch komplexer aufgebaut sein und weitere optische Komponenten enthalten.

Für den praktischen Entwurfsprozess ist die Verwendung von optischen Freiformflächen die bedeutsamste Eigenschaft des Maßberechnungsalgorithmus. Prinzipiell ermöglicht dies dem Optikentwickler die umfassende Kontrolle des gesamten Strahlengangs. Eine komplizierte Detektorlichtverteilung kann im Allgemeinen mit einer geringeren Anzahl an optischen Flächen erzeugt werden, als es mit einem System möglich wäre, dessen optische Komponenten aus Standardflächen bestehen. In diesem Zusammenhang bedeuten weniger optische Flächen vor allen Dingen geringere optische Verluste. Je nach Anwendung verringern sich Fresnel- und/oder Reflexionsverluste, wenn das System nur eine kleinere Anzahl an optischen Flächen aufweist. Aufgrund des Funktionsprinzips der Maßberechnung und der Flexibilität von Freiformflächen ist es möglich, optische Systeme mit der minimal erforderlichen Anzahl an optischen Flächen zu entwerfen. Infolgedessen kann die unter den gegebenen Umständen höchste erreichbare, optische Systemeffizienz realisiert werden.

Die Reduzierung der Anzahl optischer Komponenten bringt einen weiteren Vorteil mit sich. Sie ermöglicht den Entwurf kompakterer Beleuchtungssysteme. Insbesondere LED-basierte Systeme können sehr weit miniaturisiert werden. Unabdingbarer Bestandteil des Entwurfsprozesses sind in diesem Fall Toleranzbetrachtungen.

Ein weiterer praxisrelevanter Vorteil ist die Möglichkeit, feste optische Fläche im System vorgeben zu können. Dies ermöglicht es, das zu entwerfende optische System optimal an die gegebenen Bauraumverhältnisse anzupassen. Der Optikentwickler erhält die Kontrolle über beispielsweise die Einbautiefe des Systems oder die Abmaße von massiven, optischen Komponenten, welche wiederum direkten Einfluss auf deren Gewicht haben.

Aufgrund dessen das es sich bei der Maßberechnung um ein direktes Berechnungsverfahren handelt, ist die erforderliche Rechenzeit im Vergleich zu iterativen Verfahren sehr gering. Darüber hinaus reduziert sich insbesondere die Entwicklungszeit des gesamten Entwurfsprozesses, da die Arbeit mit dem Maßberechnungsalgorithmus deutlich schneller zum Ziel führt als mit anderen Methoden. Beispielsweise ist es nicht mehr erforderlich, ein Startdesign zu modellieren, welches anschließend optimiert werden muss.

Optische Komponenten, welche mit dem Maßberechnungsalgorithmus berechnet wurden, besitzen infolge der zugrunde liegenden ordnungserhaltenden Strahlzuordnung in einem gewissen Umfang abbildende Eigenschaften. Das bedeutet, dass von der Lichtquelle ein verzerrtes Abbild erzeugt. Wird eine homogene Lichtverteilung emittiert, so fällt dies nicht weiter auf. Emittiert die Lichtquelle eine inhomogene Quelllichtverteilung, dann wird die Ziellichtverteilung ebenfalls unerwünschte Inhomogenitäten aufweisen. Ein Beispiel für inhomogen lichtemittierende Flächen sind LED-Chips, die von ihren eigenen Bonddrähten teilweise abgeschattet werden. Prinzipiell ist der Maßberechnungsalgorithmus in der Lage, auch inhomogene Lichtquellen zu handhaben und deren Auswirkungen zu kompensieren. Voraussetzung dafür ist allerdings ein dementsprechend exaktes Lichtquellenmodell. Aufgrund der Toleranzen in der LED-Fertigung und bei der Positionierung im optischen System ist dies jedoch nicht sinnvoll. Eine praktische Möglichkeit diese Auswirkung zu verhindern, besteht darin, einer optischen Fläche im Strahlengang eine leicht diffuse Wirkung zu geben. Dies bewirkt minimale und zufällige gerichtete Abweichungen der Strahlenmenge von ihrer ansonsten lexikographischen Ordnung und verhindert die Inhomogenitäten in der Ziellichtverteilung. Technisch realisiert werden kann dies beispielsweise durch Sandstrahlung mit ganz feinen Körnungen oder das so genannte Frosten des Spritzgusswerkzeugs.

Trotz all der genannten Vorteile bleibt festzuhalten, dass der Maßberechnungsalgorithmus, wie auch alle anderen bekannten Verfahren, nicht in der Lage ist, den fachkundigen Optikentwickler zu ersetzen. Im Gegenteil, eine sinnvolle, problemspezifische Auslegung des optischen Systems und somit des Strahlengangs ist unerlässlich für die Anwendung des Algorithmus in der Praxis.

Der vorgestellte Algorithmus bildet die Grundlage für ein im folgenden Kapitel vorgestelltes Berechnungsprogramm, das es dem Optikdesigner ermöglicht, hocheffiziente optische Komponenten in sehr kurzer Zeit zu entwickeln.

KAPITEL 7

DAS ADOPTTOOL

Der Maßberechnungsalgorithmus besitzt aufgrund seiner Eigenschaft, ein direktes Berechnungsverfahren optischer Geometrien zu sein, das Potential, die Basis für ein innovatives Entwurfswerkzeug zu bilden. Im Rahmen dieser Arbeit wurden die in den Kapiteln 4 bis 6 vorgestellten und diskutierten Algorithmen und Methoden in MATLAB [38] implementiert. Das entstandene Programm wird im Folgenden als **AdoptTool** (**A**nalytical **d**esign **o**f **opt**ics **Tool**) bezeichnet.

Nach einigen einführenden Bemerkungen zum Programm folgen erläuternde Abschnitte zum Aufbau, seiner Arbeitsweise sowie dem Datenaustausch mit kommerziellen CAL-Softwarepaketen.

7.1 EINFÜHRUNG UND ALLGEMEINE ANMERKUNGEN

In diesem Abschnitt werden zunächst einige charakteristische Punkte des AdoptTools erläutert, welche über den rein mathematischen Maßberechnungsalgorithmus hinausgehen.

In das Programm werden nur dimensionslose Größen eingegeben. Begründet liegt dies in den bei der Herleitung des Maßberechnungsalgorithmus eingeführten Normierungen. Darüber hinaus ist auch die Angabe von Längeneinheiten nicht erforderlich, da aus Sicht des Algorithmus sowohl die gesuchte optische Fläche als auch alle übrigen Flächen und Abstände im System beliebig skalierbare Geometrien darstellen. Im AdoptTool selber werden keine Größen mit Maßeinheiten wie zum Beispiel Beleuchtungs- und Lichtstärke bestimmt. Dies geschieht erst nach Abschluss der Berechnungen mit externen, nichtsequentiellen Raytracingprogrammen.

Bei der Berechnung von Systemen mit vorgegebenen optischen Flächen im Strahlengang vor der Maßberechnungsfläche müssen zuerst die Startpunkte und die Richtungsvektoren der Teilstrahlen bestimmt werden, die im nächsten Schritt auf die gesuchte Fläche treffen. Zu diesem Zweck wurde im AdoptTool ein sequentieller Raytracer implementiert, welcher die Schnittpunkte von Geraden mit ebenen, sphärischen und B-Spline-Flächen berechnen kann.

Weiterhin muss sichergestellt werden, dass die erhaltenen Lösungen physikalisch plausibel sind. Physikalisch falsche Ergebnisse erhält man beispielsweise in den in den Abschnitten 6.5 und 6.6 beschriebenen Fällen. Daher sind im AdoptTool Prüfkriterien eingebaut, welche im Falle einer Verletzung die Berechnung abbrechen und eine entsprechende Fehlermeldung ausgeben.

Der AdoptTool wurde objektorientiert programmiert, um die Erweiterbarkeit und die Benutzerfreundlichkeit sicherzustellen. Das optische System besteht aus der Lichtquelle, dem Detektor, den gegebenen optischen Flächen und der gesuchten Maßberechnungsfläche. Für jedes dieser Elemente wurde eine Klasse angelegt.

Die Klasse der Lichtquellen enthält alle zur Generierung der lexikographisch geordneten Strahlmenge und den zugehörigen Startpunkten erforderlichen Funktionen. Die Klasse der Detektoren hingegen beinhaltet Funktionen zur Erzeugung von Beleuchtungs- und Lichtstärkedetektoren. Funktionen zur Erzeugung von Lichtverteilungen hingegen besitzen beide Klassen.

Die Klasse der optischen Flächen beinhaltet Funktionen zur Generierung von Ebenen, Sphären und B-Spline-Flächen. Diesen geometrischen Objekten werden anschließend optische Eigenschaften zugewiesen. Andere Flächentypen, wie zum Beispiel Paraboloide oder Asphären, können durch B-Splines approximiert werden.

Weiterhin gibt es auch für die Gesamtheit des optischen Systems eine Klasse, in der die einzelnen Elemente und Systemparameter zusammen-

gefasst vorliegen. Nach erfolgter Berechnung wird die Maßberechnungsfläche als Element des optischen Systems abgespeichert.

7.2 PROGRAMMAUFBAU UND GUI-BASIERTE BEDIENUNG

Der Programmablaufplan des AdoptTools ist in Abbildung 7.1 schematisch dargestellt.

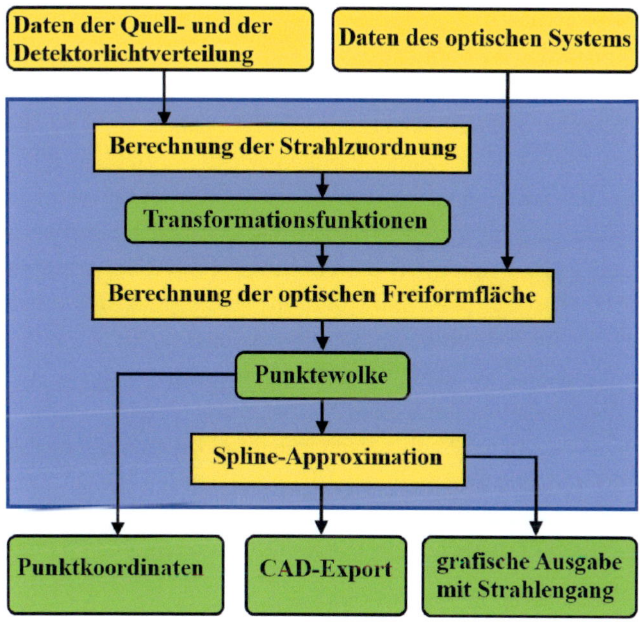

Abbildung 7.1: Programmablaufplan des AdoptTools

Zuerst muss das optische System ausreichend spezifiziert werden. Zu
diesem Zweck werden alle erforderlichen geometrischen und optischen
Daten, insbesondere die gegebene und die gewünschte Lichtverteilung, in
dimensionsloser Form eingegeben. Im Anschluss daran wird die eigentliche Berechnung gestartet. Hierbei wird zunächst das Differentialgleichungssystem zur Bestimmung der Strahlzuordnung gelöst. Das
erhaltene Ergebnis dient wiederum als Eingangsgröße für die
anschließende Berechnung der gesuchten optischen Freiformfläche. Die

erhaltene Punktewolke wird abschließend mit einer B-Spline-Fläche approximiert. Das optische System mit der maßberechneten Fläche kann mittels einer Querschnittsskizze und einem 3D-Modell inklusive des Strahlengangs grafisch veranschaulicht werden. Darüber hinaus kann die Maßberechnungsfläche sowohl in numerischer Form (Koordinaten der berechneten Punkte) als auch in Form einer CAD-Datei ausgegeben werden.

Für die Eingabe der optischen und geometrischen Systemparameter und Zielgrößen stehen zwei Möglichkeiten zur Verfügung. Zum einen die direkte Eingabe in den MATLAB-Programmcode der so genannten Hauptdatei, welche es dem Optikentwickler erlaubt, die gesamte Flexibilität des Programms zu nutzen. Zum anderen ist auch die Daten-eingabe in ein Graphical User Interface (GUI) möglich, welches die Werte an das AdoptTool übergibt. Diese Eingabemethode ermöglicht eine benutzerfreundlichere Bedienung und hat sich speziell für Einsteiger als besonders anschaulich erwiesen. Darüber hinaus ist sie im Vergleich zur direkten Eingabe in den Programmcode auch deutlich weniger fehleranfällig. Beispielsweise sind keine Falscheingaben aufgrund von Syntaxfehlern möglich. Ferner kann die Maßberechnung erst gar nicht aufgerufen werden, solange noch erforderliche Daten fehlen. Der entsprechende Button wird erst aktiviert, wenn alle Eingaben vollständig sind. Aus Gründen der Anschaulichkeit erfolgt die weitere Erläuterung des AdoptTools anhand der implementierten GUIs.

7.2.1 EINGABE DER SYSTEMDATEN

Die Spezifizierung des Startsystems erfolgt mittels der folgenden Daten, welche in die entsprechenden GUIs eingegeben werden.

In die Lichtquellen-GUI werden die Position und der erfasste Winkel-bereich der Lichtquelle eingegeben. Letzterer ist identisch mit dem Definitionsbereich der Quelllichtverteilungsfunktion, welche für gewöhn-lich aus den vordefinierten Lichtverteilungen ausgewählt wird.

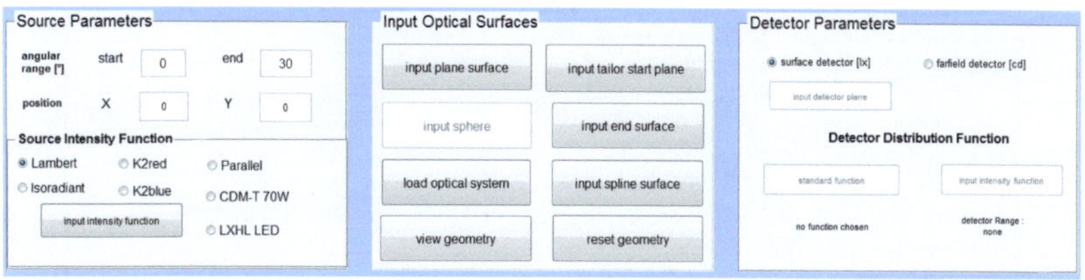

Abbildung 7.2:   Eingabe-GUIs des AdoptTools
a) Lichtquellen-GUI   b) Optische-Flächen-GUI   c) Detektor-GUI

In die Detektor-GUI lassen sich alle zur Erzeugung des Detektors und der zugehörigen Ziellichtverteilung erforderlichen Parameter eingeben. Für die Ziellichtverteilungsfunktion stehen die gleichen Eingabeoptionen zur Verfügung wie für die Quelllichtverteilung. Ebenfalls angegeben werden muss der Definitionsbereich der Ziellichtverteilungsfunktion auf dem Detektor.

Darüber hinaus müssen für die zu berechnende Freiformfläche eine Startfläche und die entsprechenden optischen Parametern eingegeben werden. Der Schnittpunkt des Anfangsstrahls der Lichtquelle mit dieser Startfläche stellt die erforderliche Anfangsbedingung zur Lösung der Differentialgleichung (4.15) der Maßberechnungsfläche dar und ist identisch mit deren Startpunkt.

Sind weitere, fest vorgegebene optische Flächen im System enthalten, so können diese durch die Eingabe der Parameter in die „Input Geometry"-GUI spezifiziert werden. Des Weiteren können auch optische Flächen und Komponenten importiert werden, welche zu einem früheren Zeitpunkt bereits mit dem AdoptTool erzeugt wurden. Diese Möglichkeit erweitert den Anwendungsbereich des AdoptTools von der Berechnung einer einzelnen optischen Komponente auf den Entwurf kompletter Systeme.

Diese Daten können auch alternativ direkt in die entsprechende Programmdatei in MATLAB eingegeben werden. In der folgenden Abbildung ist dies für ein rotationssymmetrisches System mit einer zu berechnenden Linse dargestellt.

```matlab
%Winkelbereich der Lichtquelle (Default Lambertstrahler)
tRange1=[0,30]*deg;

%optisches System initialisieren
sys1=optSystem('tRange',tRange1);

%Startfläche für Maßberechnung erzeugen und zum System hinzufügen
start=plane([5.5;0],'dia',1.5,'n',[1 1.5]);
sys1=set(sys1,'start',start);

% Detektor erzeugen mit konstanter Detektorlichtverteilung von 0° bis 20°
det1=candelaDetector('constant',[0,20]*deg);
sys1=set(sys1,'detector',det1);

%sphärische Lichtaustrittsfläche erzeugen und zum System hinzufügen
eS=sphere('center',[10;0],'radius',15,'n',[1.5 1],'range',[0,60]*deg);
sys1=set(sys1,'endSurface',eS);

%Maßberechnung starten
sys1=Adopt2D(sys1);

% Anzeigen des berechneten Systems mit Strahlengang
plotSystem(sys2,10);
```

Abbildung 7.3:   Alternative Eingabemöglichkeit: Quelltext in MATLAB

In Abbildung 7.4 ist die Ansicht eines einfachen optischen Systems vor
Beginn der Maßberechnung zu sehen. Es soll eine rotationssymmetrische

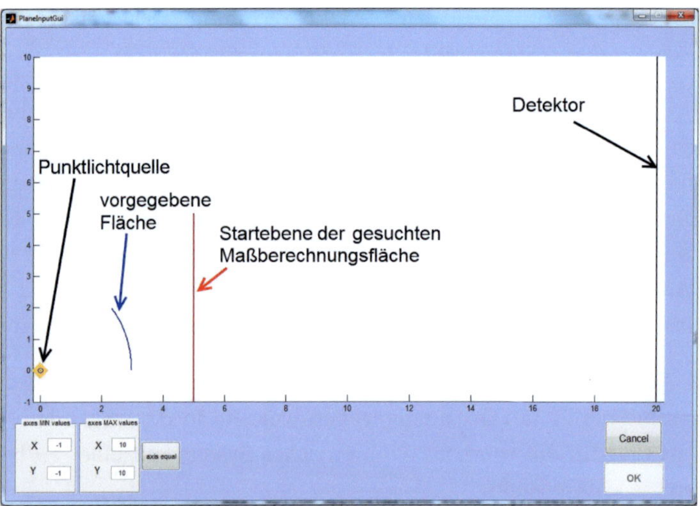

Abbildung 7.4:   Ansicht des Startsystems vor der Maßberechnung

Linse berechnet werden. Dazu wird neben der Lichtquelle und dem Detektor auch eine optische Fläche vorgegeben, durch welche die Strahlen in die Linse eintreten. Die maßberechnete Linse ist in Abbildung 7.7 mit dem Strahlengang dargestellt.

Eine weitere Eingabemöglichkeit stellt die Spline-GUI dar, welche dem Entwickler die intuitive Erzeugung von Splinekurven und –flächen ermöglicht. Der Nutzer gibt per Mausklick die Punkte vor, welche im Anschluss automatisch mit einem B-Spline approximiert werden. Dieser wird abgespeichert und als Funktion an das AdoptTool übergeben. Diese Eingabeoption ist sehr hilfreich für den häufig auftretenden Fall, dass die benötigte Funktion nicht in ihrer analytischen Form bekannt ist. Beispielsweise ist es auf diese Weise möglich, eine Lichtstärkeverteilungskurve aus dem Datenblatt nachzubilden, ohne dafür erst eine formelmäßige Entsprechung bestimmen zu müssen. Gleiches gilt für die Definition der Ziellichtverteilung auf dem Detektor. Der Entwickler kann in kurzer Zeit nach eigenem Ermessen eine Verteilungsfunktion direkt erstellen. Infolgedessen bleibt dem Nutzer die zeitaufwändige Herleitung einer Formel erspart.

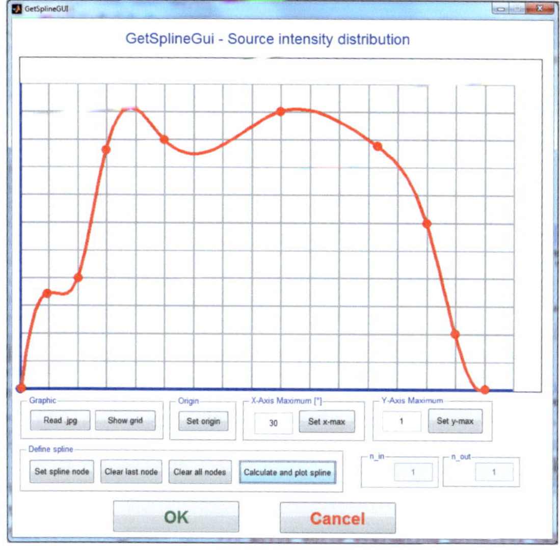

Abbildung 7.5: Spline-Input-GUI

Auf dieselbe Art und Weise kann man sich auch behelfen, wenn nur die technische Zeichnung eines gegebenen Systems vorliegt. Die bereits vorhandenen optischen Flächen können gleich in den richtigen Abständen und Positionen zueinander positioniert werden.

Aufgrund ihrer intuitiven Bedienbarkeit und der vielfältigen Verwendungsmöglichkeiten der erzeugten Splines ist die Spline-GUI an mehreren Stellen des AdoptTools in entsprechend angepasster Form implementiert. Dem Entwickler ersparen diese Eingabeoptionen sehr viel Zeit und Aufwand.

In Abbildung 7.6 ist die Haupt-GUI des AdoptTools zu sehen. Diese setzt sich aus den bereits erläuterten und weiteren Einzel-GUIs zusammen.

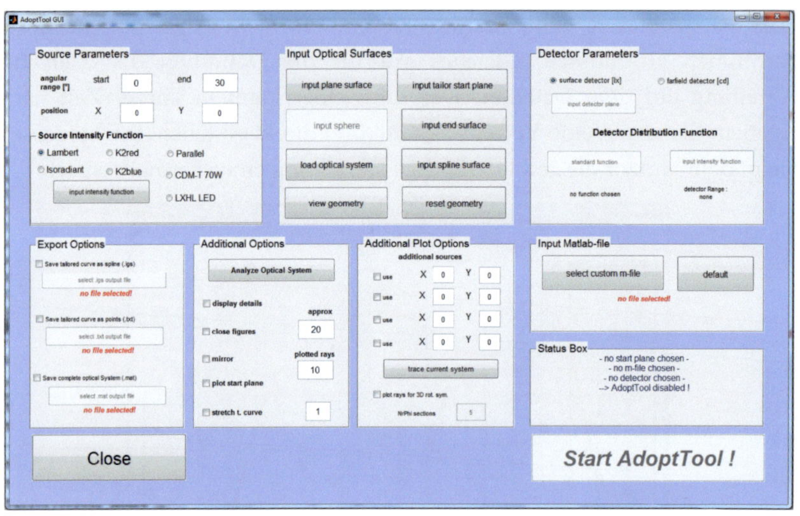

Abbildung 7.6: Haupt-GUI des AdoptTools (Startansicht)

7.2.2 PROGRAMMABLAUF UND AUSGABE DER SYSTEMDATEN

Nach vollständiger Eingabe der Systemdaten und Wahl der Ausgabeoptionen wird in der Haupt-GUI über den Button **Start AdoptTool!** der Maßberechnungsalgorithmus gestartet. Dieser löst zunächst das Differentialgleichungssystem der Strahlzuordnung numerisch und berechnet im Anschluss die Punkte auf der gesuchten Freiformfläche. Die erhaltenen Flächenpunkte werden mit einem B-Spline approximiert. Im Anschluss daran wird mit dem sequentiellen Raytracer der optische Pfad eines Strahlenfächers durch das optische System bestimmt, um das Systemverhalten anhand einer Querschnittszeichnung veranschaulichen zu können.

Die folgende Abbildung illustriert dies anhand des Beispiels aus Abbildung 7.4.

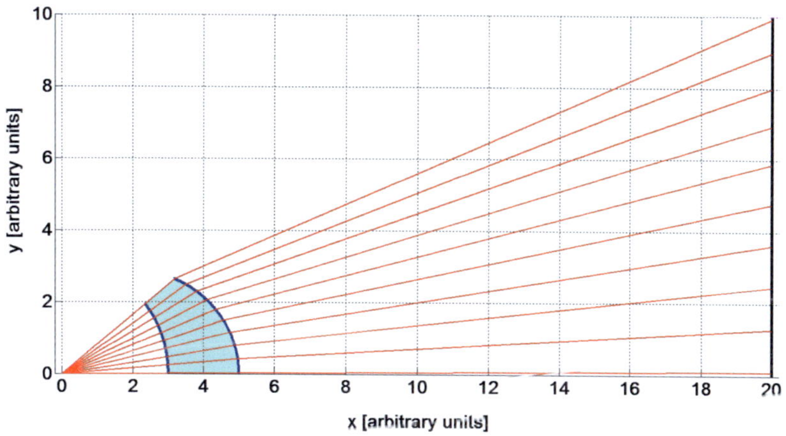

Abbildung 7.7:   Querschnittsskizze des optischen Systems mit Strahlen nach der Maßberechnung

Für die Maßberechnung rotationssymmetrischer Freiformflächen muss ein System aus zwei gewöhnlichen, linearen Differentialgleichungen erster Ordnung gelöst werden. Im Fall eines nichtrotationssymmetrischen Systems bedarf es dahingegen der Lösung von zwei partiellen, linearen Differentialgleichungen erster Ordnung. Im Allgemeinen ist für beide Fälle eine analytische Lösung nicht möglich. Aus diesem Grund wird ein numerisches Lösungsverfahren angewendet. Das Runge-Kutta-Verfahren [28] ist als Lösungsmethode geeignet. In MATLAB ist es unter der Bezeichnung ode45 [3] als ein Verfahren mit variabler Schrittweite implementiert.

Die Maßberechnung einer rotationssymmetrischen Freiformfläche erfolgt sehr schnell. Im Allgemeinen dauert sie auf einem aktuellen PC weniger als eine Minute. Für die Berechnung einer nichtrotationssymmetrischen Fläche benötigt das AdoptTool dahingehend etwa zwei bis fünf Minuten.

Das AdoptTool verfügt über mehrere Ausgabeoptionen. Gewünschte Daten können sowohl numerisch ausgegeben als auch graphisch veranschaulicht werden. Dies dient einerseits der Weiterverarbeitung und andererseits der Kontrolle der erhaltenen Ergebnisse. Neben dem Endergebnis in Form der maßberechneten Freiformfläche sind auch die Zwischenergebnisse, insbesondere das Ergebnis der Strahlzuordnung, interessant. Das berechnete optische System kann graphisch mit und ohne den sequentiellen Strahlengang dargestellt werden. Einmal erstellte und berechnete Systeme können im AdoptTool gespeichert werden. Zu einem späteren Zeitpunkt können daher einzelne Komponente oder Systeme für eine erneute Maßberechnung wieder verwendet werden. Dies ermöglicht beispielsweise den sequentiellen Entwurf eines kompletten optischen Systems. Darüber hinaus können die erhaltenen Punktkoordinaten in einer txt-Datei und die approximierten B-Splines im IGES-Format gespeichert werden.

7.3 Datenaustausch mit kommerziellen Softwarepaketen

Zur Sicherstellung der qualitativen und quantitativen Funktionsfähigkeit des entworfenen optischen Systems ist es erforderlich, eine lichttechnische Simulation durchzuführen. Im Bereich nichtabbildender Systeme nutzt man zu diesem Zweck nichtsequentielle Raytracingprogramme. Diese berücksichtigen nicht nur die Auswirkungen realistischer Modelle sondern auch unerwünschte Effekte wie zum Beispiel Streulicht. Darüber hinaus können aus den Simulationsergebnissen die lichttechnischen Wirkungsgrade der maßberechneten optischen Komponente und des Gesamtsystems bestimmt werden.

Nichtsequentielle Strahlverfolgungsprogramme mit hoher Funktionalität und umfangreichen Analysetools sind kommerziell erhältlich. Daher bestand im Rahmen dieser Arbeit kein Anlass, entsprechende Funktionen selbst zu programmieren. Anstatt dessen ist es ausreichend, die erzeugten Geometrien in einem gebräuchlichen CAD-Format ausgeben zu können.

7.3.1 GENERIERUNG DER BERECHNETEN OPTISCHEN FLÄCHEN

Das AdoptTool kann die berechneten Punktewolken mit B-Splines zu optischen Kurven und Freiformflächen approximieren. Diese lassen sich jedoch nicht ohne weiteres in einem CAD-Dateiformat ausgeben. Dazu bedarf es einer Konvertierung der B-Splines in NURBS. Auf der MATLAB-File-Exchange Website [39] wird der Programmcode für einen MATLAB-B-Spline-zu-IGES-Konverter zur Verfügung gestellt, welcher B-Spline-Kurven in das IGES-Format umwandelt. Dieser Programmcode wurde als Funktion in das AdoptTool integriert. Damit lassen sich für den 2D-Fall die erzeugten Querschnittskurven der optischen Flächen einfach exportieren. Dieser Konverter ist jedoch nicht in der Lage, nichtrotationssymmetrische Freiformflächen ins IGES-Format zu konvertieren.

Ein möglicher Weg, aus der erhaltenen Punktwolke einer 3D-Maßberechnung eine NURBS-Fläche zu erzeugen, ist, die Koordinaten aller Punkte in eine passende Textdatei zu schreiben. Kommerzielle CAD-Programme können diese einlesen und selbstständig eine Flächenapproximation durchführen. Das in dieser Arbeit verwendete Programmpaket „Rhinoceros 4.0" [43] bietet hierfür das Makro „Einlesen über Datei" an.

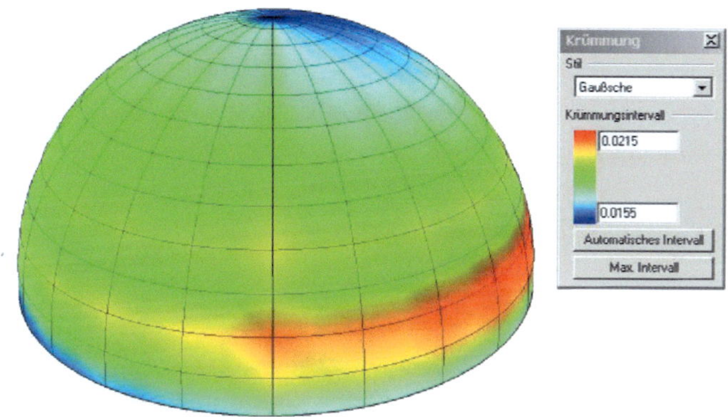

Abbildung 7.8: Nichtrotationssymmetrische Freiformfläche erzeugt durch Rhinoceros-Makro „Einlesen über Datei"

Die während dieser Arbeit gemachten Erfahrungen zeigen, dass die wenigsten Probleme auftreten, wenn aus dem AdoptTool nur die unbedingt erforderlichen Daten, die geordneten Punktkoordinatentripel, in adäquater Form an ein CAD-Programm übergeben werden und dieses die Approximation der optischen Flächen durchführt. Diese Vorgehensweise vermeidet Kompatibilitätsprobleme und ermöglicht die Konvertierung der gesamten optischen Komponente in alle gängigen CAD-Dateiformate.

7.3.2 LICHTTECHNISCHE VERIFIKATIONSSIMULATIONEN

Das Gesamtsystem muss in einem lichttechnischen Simulationsprogramm modelliert, simuliert und analysiert werden, um dessen Funktionalität verifizieren zu können. Die maßberechnete Freiformoptik wird hierfür in das in einem CAL-Programm erstellte Modell des optischen Systems importiert. Im ersten Simulationsdurchgang sollte das Modellsystem eine Punktlichtquelle sowie idealisierte optische Komponenten enthalten. So lassen sich die qualitativen Ergebnisse direkt mit denen des AdoptTools vergleichen.

Im zweiten Durchgang wird die ideale Punktlichtquelle durch ein realistisches Lichtquellenmodell mit ausgedehnter, lichtemittierender Fläche ersetzt. Man erkennt so die qualitative Auswirkung auf die Lichtverteilung auf dem Detektor aufgrund des nun nicht mehr eindeutigen Strahlengangs.

In einem weiteren Schritt kann man den optischen Systemkomponenten realistische Eigenschaften zuweisen, wie zum Beispiel Streueigenschaften, Fresnel-, Transmissions- und Reflexionsverluste. Diese Simulation liefert die quantitativen Auswirkungen auf die Detektorlichtverteilung und ermöglicht detaillierte Analysen des Gesamtsystems.

7.4 DISKUSSION DES PROGRAMMPAKETS

Das AdoptTool ist ein eigenständiges Programm und aus circa 60 Funktionen aufgebaut. Davon sind zwölf Hauptfunktionen, mit denen der Nutzer für gewöhnlich arbeitet. Die restlichen Funktionen sind zum größten Teil Hilfsfunktionen, welche nur innerhalb des AdoptTools aufgerufen werden.

Im Grunde stellt das AdoptTool eine Toolbox dar, welche sämtliche Funktionen zur direkten Freiformflächenberechnung bereitstellt. Hierbei sind die Funktionen der Strahlzuordnung und der Maßberechnung zwar die wichtigsten aber bei weitem nicht die einzigen.

Der gesamte Programmcode besteht aus ca. 2.000 Zeilen Quelltext. Die gängigsten Entwurfsaufgaben lassen sich allein unter Verwendung der Haupt-GUI bearbeiten.

7.4.1 LEISTUNGSFÄHIGKEIT DES ADOPTTOOLS

Das AdoptTool wurde an zahlreichen Entwurfsstudien getestet, welche mit lichttechnischen Simulationsprogrammen verifiziert wurden. Darüber hinaus wurde im Rahmen von Entwicklungsprojekten eine gewisse Anzahl an entsprechenden Prototypen extern gefertigt, von denen einige bis zur Serienreife weiterentwickelt wurden, siehe auch Kapitel 8. Die lichttechnischen Vermessungen dieser Prototypen haben ebenfalls stets sehr gute Übereinstimmungen zwischen der lichttechnischen Simulation und den gefertigten optischen Komponenten gezeigt. Dies spricht nicht nur für die Funktionsfähigkeit des AdoptTools sondern im gleichen Maße für die hohe Genauigkeit und Qualität der angewandten Fertigungsverfahren.

Das AdoptTool bietet die Möglichkeit, sowohl die gegebene Quell-(Lichtstärkeverteilung) als auch die gewünschte Detektorlichtverteilung (Beleuchtungs- und Lichtstärkedetektor) beliebig zu modellieren. Dies kann in Form einer analytischen Funktion oder mit Hilfe der Spline-GUI automatisiert erfolgen. Das AdoptTool generiert automatisch eine lexikographisch geordnete Strahlenmenge (eindeutiger Strahlengang), welche von der Lichtquelle startet. Folgende Maßberechnungsfälle wurden im Programmpaket implementiert.

Als optische Flächen enthält das optische System:

1. *nur die Maßberechnungsfläche*

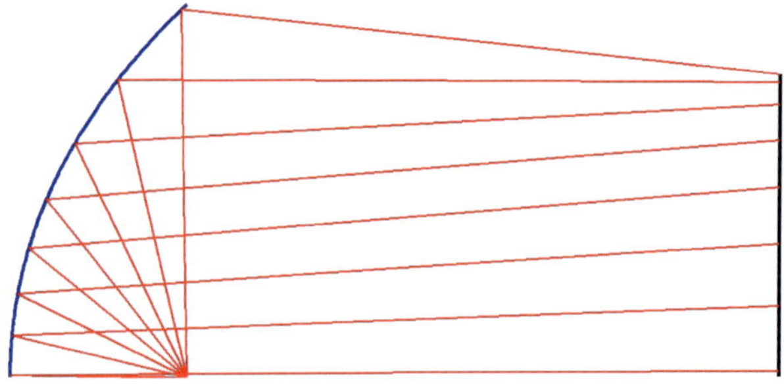

Abbildung 7.9: Maßberechneter Reflektor

2. *die Maßberechnungsfläche sowie beliebig viele weitere mindestens zweifach stetig differenzierbaren Flächen im Strahlengang davor*

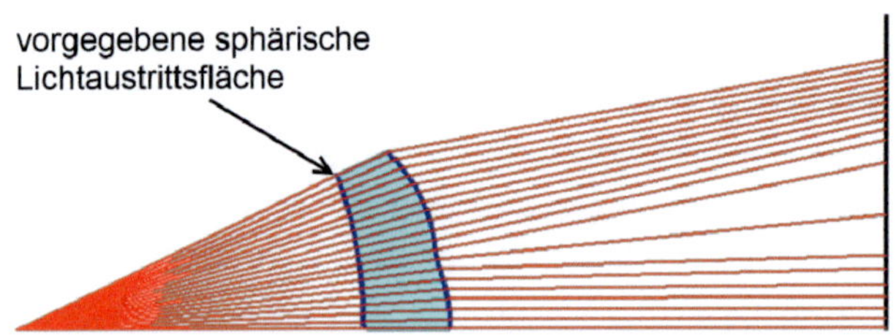

Abbildung 7.10: Linse mit sphärischer Lichtein- und maßberechneter Lichtaustrittsfläche

3. *die Maßberechnungsfläche sowie eine weitere mindestens zweifach stetig differenzierbare Fläche im Strahlengang danach*

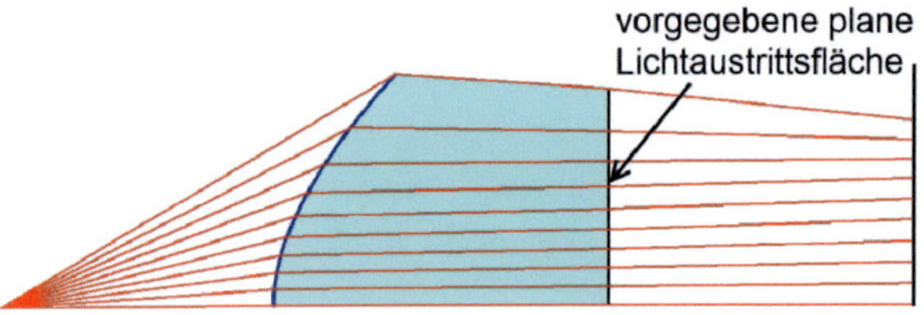

Abbildung 7.11: Linse mit maßberechneter Lichtein- und vorgegebener planer Lichtaustrittsfläche

4. *zwei Maßberechnungsflächen (simultane Berechnung)*

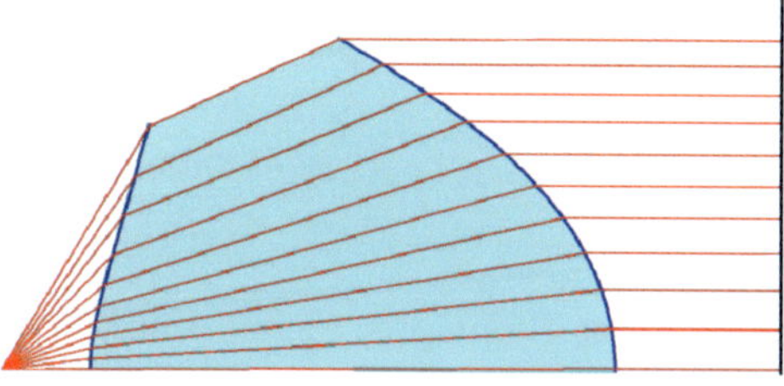

Abbildung 7.12: Linse mit simultan berechneter Lichtein- und Lichtaustrittsfläche

5. *beliebig viele Maßberechnungsflächen im Strahlengang nacheinander (sequentielle Berechnung)*

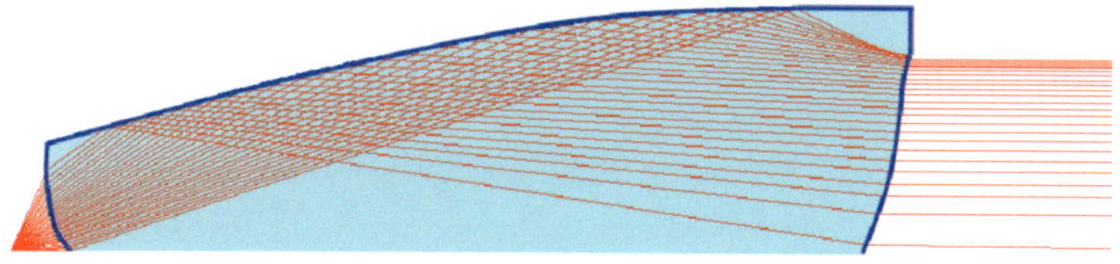

Abbildung 7.13: kollimierender Lichtleitstab mit drei sequentiell maßberechneten optischen Flächen

6. *Beliebig viele im Strahlengang nebeneinander liegende Maßberechnungsflächen (parallele Berechnung).*

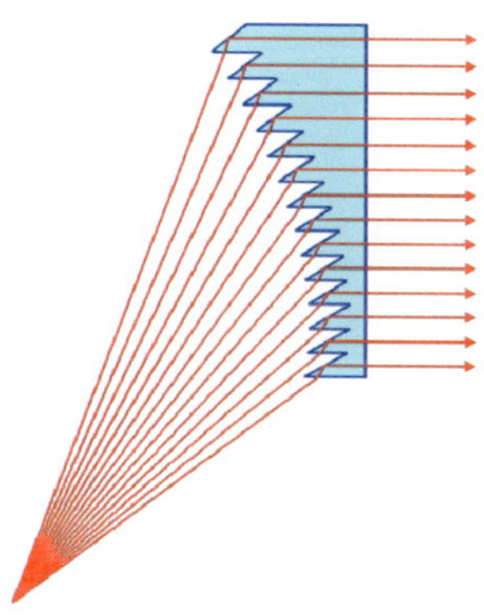

Abbildung 7.14: Ausschnitt aus einer Optik mit 14 maßberechneten TIR-R-Segmenten

Die Fälle 1 bis 4 wurden bereits in den vorangegangenen Kapiteln näher erläutert. Abgesehen von diesen bereits demonstrierten Möglichkeiten in einem bestehenden System eine optische Komponente maßzuberechnen, ist es auch möglich das komplette System allein mit dem AdoptTool zu berechnen. Das folgende Anwendungsbeispiel verdeutlicht dies und trifft dabei gleichzeitig auf die Fälle 5 und 6 zu.

Das Funktionsprinzip der TIR-Optik (Total Internal Reflection), auch bekannt als Nahfeldlinse (englisch: near field lens), ist seit vielen Jahren Stand der Technik. Insbesondere im Bereich der LED-basierten Beleuchtungstechnik hat diese Hybridoptik unter anderem aufgrund ihrer sehr hohen optischen Effizienz weite Verbreitung gefunden. Dennoch ist auch heute der Entwurf einer TIR-Optik eine sehr anspruchsvolle Aufgabenstellung.

Während des Entwurfsprozess mit dem AdoptTool stellt sich die TIR-Optik als ein aus fünf optischen Flächen bestehendes System dar. In der folgenden Abbildung ist die prinzipielle sequentielle Entwurfsreihenfolge dargestellt. Das Gesamtsystem wird in zwei sequentiellen Maßberechnungsdurchgängen berechnet, welche exakt aufeinander abgestimmt sind. Hierfür ist insbesondere eine adäquate Aufteilung der Detektorlichtverteilung erforderlich.

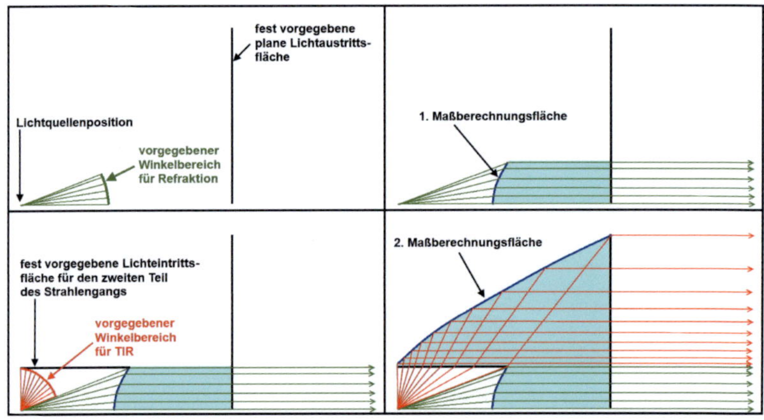

Abbildung 7.15: Abfolge beim sequentiellen Entwurfsprozess eines TIR-Kollimators

In Abbildung 7.15 ist zu sehen, dass der Strahlengang des Systems beim Lichteintritt in zwei voneinander unabhängige Teilstrahlengänge aufgespaltet wird. Der grün gezeichnete Strahlengang arbeitet wie eine refraktive Linse, der rot gezeichnete hingegen erfährt zusätzlich noch eine weitere Strahlumlenkung aufgrund von interner Totalreflexion an der Mantelfläche.

In [7] wird die vorgestellte Vorgehensweise beim Entwurf einer TIR-Optik mit Hilfe der Maßberechnungsmethode ausführlich erläutert.

7.4.2 GRENZEN DES ADOPTTOOLS

Das AdoptTool wurde als Entwurfswerkzeug zur Unterstützung des Optikentwicklers bei der geometrische Modellierung optischer Komponenten und Systeme konzipiert und entwickelt. Dementsprechend handelt es sich nicht um ein universelles lichttechnisches Programmpaket. In diesem Abschnitt werden die wichtigsten Einschränkungen des AdoptTools angeführt und kurz erläutert.

Die bedeutendste Tatsache besteht darin, dass das AdoptTools keinesfalls den selbstkritischen Optikentwickler ersetzen kann. Im Programm sind keine Konsistenzprüfungen hinsichtlich der physikalischen Korrektheit des Systemaufbaus implementiert. Die Erstellung des Systems und die Eingabe der Parameter liegen ausschließlich in der Verantwortung des Optikentwicklers.

Ein nicht unbedingt auf den ersten Blick zu erkennender Fehler tritt auf, wenn bei der Definition der einzelnen Flächen die Brechungsindizes vor und nach der Fläche vertauscht werden. Bei der Berechnung einer Linse kann es zum Beispiel passieren, dass man beim Lichteintritt einen Wechsel von Luft in PMMA angibt und beim Austritt ebenfalls. Tatsächlich findet aber beim Lichtaustritt ein Wechsel von PMMA nach Luft statt. Der Maßberechnungsalgorithmus berechnet für diesen Fall eine passende Fläche, nur kann diese in der Realität natürlich nicht funktionieren. Mit etwas programmiertechnischem Aufwand könnte ein entsprechender Test jedoch implementiert werden.

Des Weiteren sind keine Tests hinsichtlich einer korrekten Flächenreihenfolge eingebaut. Diese ist allerdings aufgrund der Verwendung eines sequentiellen Raytracers essentiell wichtig. Positioniert der Nutzer beispielsweise eine Fläche im Strahlengang hinter der Startfläche, obwohl er sie als Fläche davor deklariert hat, so berechnet das AdoptTool ungeachtet dessen eine Freiformfläche. Diese erkennt man zwar auf den ersten Blick als falsch, jedoch gibt in diesem Fall das AdoptTool auch keine Fehlermeldung aus. Abhilfe würde die Implementierung eines Tests bringen, der mit Hilfe der steigenden Strahlpfadlänge prüft, ob auch die zuvor vergebenen Flächennummern in der richtigen Reihenfolge passiert werden.

Die quantitative lichttechnische Verifikation der berechneten Komponenten und Systeme ist nur mit externen Simulationsprogrammen möglich, da kein nichtsequentieller Raytracer und entsprechende Analysetools implementiert sind.

Im AdoptTool ist die Anzahl fest vorgegebener Flächen im Strahlengang nach der Maßberechnungsfläche auf eins begrenzt. Diese Endfläche kann eine Planfläche, eine sphärische oder eine B-Spline-Fläche sein. Es wäre möglich, jedoch sehr aufwändig, weitere Flächen im Strahlengang nach der Maßberechnungsfläche in die Berechnung mit einzubeziehen. Im Allgemeinen stellt dies im Bereich der nichtabbildenden Optik jedoch keine Einschränkung dar, da aus Gründen der optischen Systemeffizienz die Benutzung möglichst weniger Flächen angestrebt wird.

Nichtkontinuierliche Flächen, wie zum Beispiel Facettenreflektoren oder Kissenoptiken, können nicht in einem Maßberechnungsdurchgang modelliert werden. Für derartige Optiken ist zuvor eine adäquate Aufteilung des Strahlengangs erforderlich, so dass jede Facette beziehungsweise jedes Kissen, welche für sich genommen kontinuierliche Teilflächen darstellen, einzeln maßberechnet werden können.

Häufig treten Probleme auch aus dem Grund auf, dass der Definitionsbereich der Quelllichtverteilung für das gewählte Funktionsprinzip zu groß angegeben wurde. Beispielsweise kann dadurch beim Lichtaustritt aus einer Linse ein ungewollter Übergang von der beabsichtigten Refraktion auf interne Totalreflexion erfolgen. Ein anderer oft auftretender Fall ist der, dass sich die optische Fläche stärker krümmt als gedacht und infolgedessen es ab einem bestimmten Quellstrahlwinkel keine Schnittpunkte zwischen den übrigen Strahlen und der Maßberechnungsfläche mehr geben kann. Aus diesem Grund sind im AdoptTool entsprechende Fallprüfungen eingebaut, welche für jeden Strahl durchlaufen wird und gegebenenfalls die Maßberechnung mit einer Fehlermeldung unter Angabe des zugehörigen Quellstrahlwinkels abbricht. Denkbar wäre, in diesem Fall automatisch eine neue Maßberechnung mit einem entsprechend angepassten Definitionsbereich zu starten und graphisch auszugeben, damit der Nutzer auf dem Bildschirm sehen kann, welche Ursache das Problem hat.

Das AdoptTool bietet die Möglichkeit, Flächen, welche zu einem früheren Zeitpunkt erstellt beziehungsweise maßberechnet wurden, wieder in das aktuelle System zu laden. Infolgedessen können diese bei einem erneuten Maßberechnungsdurchgang als fest vorgegebene Flächen verwendet werden. Dies ermöglicht den schrittweisen Entwurf optischer Systeme mit mehreren Komponenten allein mit den AdoptTool. Dahingegen steht nicht die Möglichkeit zur Verfügung, bestehende Flächen aus CAD-Dateien in das AdoptTool zu laden. Zu diesem Zweck wäre es zuvor erforderlich, eine Konvertierung der CAD-Dateien in B-Splines vorzunehmen.

Die mit dem AdoptTool entworfenen Systeme wurden mit Hilfe lichttechnischer Simulationen hinsichtlich der beabsichtigten Funktionsfähigkeit qualitativ und quantitativ verifiziert. Dabei treten geringe Abweichungen auf. Dies hat verschiedene Ursachen.

Zuerst wäre hier die lichttechnische Simulation an sich zu nennen. Diese berechnet nicht den Strahlengang in Form einer kontinuierlichen Strahlenmenge sondern die Pfade einzelner diskreter Strahlen. Infolgedessen ist ein gewisses statistisches Rauschen unvermeidlich, welches jedoch umgekehrt proportional zur Anzahl an berechneten Strahlverläufen ist.

Des Weiteren stellt ebenfalls das numerische Lösungsverfahren eine Ursache für kleinere Abweichungen dar. Der in der vorliegenden Arbeit verwendete MATLAB-Solver ode45 arbeitet mit einer variablen Schrittweite, welche die Fehler minimiert. Für diese Fehler lässt sich ein Toleranzwert festlegen. Die Schrittweiten werden so gewählt, dass der erlaubte Toleranzwert nicht überschritten wird. Je niedriger dieser gewählt wird, umso kleiner wählt MATLAB die Schrittweiten und dementsprechend dauert die numerische Lösung umso länger. Diese Fehler lassen sich auf Kosten der Rechenzeit sehr weit minimieren. Für die Praxis reicht es jedoch aus, dieselbe Größenordnung zu erreichen wie die aktuellen Fertigungsverfahren für Freiformflächen. Deren Genauigkeiten liegen heutzutage bei etwa 1 μm/mm Anstiegsfehler [33]. Eine weitere kleine Fehlerquelle stellt die Approximation der berechneten Punktkoordinaten mit B-Splines dar. Diese erfolgt jedoch nach den Punkten selbst und nicht nach den zugehörigen, berechneten Normalenvektoren. Da die Strahlumlenkungen sich jedoch aus den Flächennormalen in jedem dieser Punkte ergeben, kommt es infolgedessen zu kleinen Abweichungen zwischen den realen und den idealen Auftreffpunkten der Strahlen auf dem Detektor. In der Wirkung ist dies vergleichbar mit einem statistischen Rauschen im Bereich der Simulationsgenauigkeit.

Zusammenfassend bleibt festzuhalten, dass die meisten der angeführten Einschränkungen entweder mit entsprechendem Programmieraufwand beseitigt oder mit steigender Rechenzeit minimiert werden können.

7.5 SYSTEMADAPTATION AN REALE BEDINGUNGEN

Über die gezeigten Möglichkeiten hinaus ist das AdoptTool auch in späteren Entwurfsphasen potentiell vorteilhaft anwendbar. Der Entwurf eines idealisierten optischen Systems mit dem Maßberechnungsalgorithmus ist nur der erste Schritt in der Prozesskette des virtuellen Prototypings. Der nächste sind lichttechnische Simulationen zur Verifikation des Modellsystems. Dabei wird der Realitätsgrad des Modells schrittweise erhöht, um die einzelnen Ursachen für die Abweichungen vom idealisierten System zu erkennen.

7.5.1 URSACHEN QUALITATIVER UND QUANTITATIVER ABWEICHUNGEN

Es gibt zahlreiche Ursachen dafür, dass sich die simulierten Lichtverteilungen realistisch modellierter Systeme von denen der idealisierten Systeme unterscheiden. Im Folgenden werden die häufigsten kurz erläutert und demonstriert, wie die auftretenden Abweichungen mit Hilfe der Maßberechnung weitestgehend kompensiert werden können.

Zu qualitativen Abweichungen in der gesamten Detektorlichtverteilung kommt es beim Ersatz der idealen Punktlichtquelle durch die realistische Lichtquelle, welche im Gegensatz dazu eine lichtemittierende Fläche besitzt. Diese Tatsache hat zum einen von der Punktquellenposition abweichende Startpunkte der Lichtstrahlen und zum anderen einen nicht mehr eindeutigen Strahlengang in der realistischen Simulation zur Folge. Dies äußert sich in einem von der gewünschten Ziellichtverteilung qualitativ abweichenden Ergebnis. Häufige Resultate sind beispielsweise vergrößerte Halbwertsbreiten der Lichtverteilungen und geringere Gradienten am Rand und innerhalb der Gesamtlichtverteilung.

Die daraus resultierenden quantitativen Unterschiede sind vernachlässigbar gering, wenn sich die erste optische Fläche des Systems außerhalb des Nahfelds der Lichtquelle befindet. Je weiter sich diese Fläche jedoch innerhalb des Nahfelds befindet, desto sensitiver reagiert das realistisch modellierte System auf Änderungen der Lichtquellenabmessungen und auf fertigungsbedingte Ungenauigkeiten bei der Positionierung der Bauteile [9]. Dies liegt in der Annahme eines eindeutiges Strahlengangs des Maßberechnungsalgorithmus begründet, welche zur Folge hat, dass jede Fläche als im Fernfeld positioniert anzusehen ist, unabhängig davon wie gering der reale Abstand wirklich ist. Der ausgedehnte Charakter der realen Lichtquelle und das daraus resultierende Nahfeld werden von der Maßberechnung nicht berücksichtigt. Aus diesem Grund ist ebenfalls die erwähnte Sensitivität auf Abweichungen von der vorgegebenen Lichtquellenposition plausibel.

Optische Verluste innerhalb des realistisch modellierten Systems führen zu quantitativen Abweichungen in Teilbereichen oder in der gesamten Detektorverteilung. Diese können erst nach einer detaillierten lichttechnischen Simulation des Systems bestimmt werden.

Ein Beispiel für zum Teil beträchtliche Abweichungen in der Ziellichtverteilung sind die auftretenden Fresnelverluste an Grenzflächen zwischen optisch transparenten Medien bei hohen Ein- bzw. Auskoppelwinkeln [7]. Weglängenabhängige Transmissionsverluste in transparenten, massiv gefertigten optischen Komponenten führen ebenfalls zu großen Unterschieden, wenn die Längen der einzelnen Strahlpfade stark differieren. Dies trifft beispielsweise auf Prismenstäbe zu.

Weitere qualitative sowie quantitative Abweichungen von der gewünschten Detektorlichtverteilung sind herstellungsbedingt. Nicht zu vermeiden sind zum Beispiel Oberflächenrauhigkeiten. Aber auch fertigungsbedingte Erfordernisse, wie etwa Rundungsradien, üben teils beträchtlichen Einfluss auf die Lichtverteilung aus.

7.5.2 KOMPENSATION ABWEICHENDER DETEKTORLICHTVERTEILUNGEN

Das im Folgenden vorgestellte Kompensationsverfahren dient der Adaptation des Startsystems an die realen Systembedingungen. Es kann auch auf Systeme mit mehreren optischen Flächen angewendet werden.

Im ersten Schritt erfolgt eine detaillierte, vergleichende Analyse der Ergebnisse der lichttechnischen Simulationen des idealisierten und des realistisch modellierten Systems. Hierfür muss ermittelt werden, auf welcher optischen Fläche Abweichungen auftreten und welche Ursache dafür verantwortlich ist. Dies sind qualitative Zusammenhänge. Anschließend bestimmt man deren separate quantitative Auswirkungen auf die Ziellichtverteilung. Kurz gesagt, man ermittelt, welcher Anteil des realistischen Strahlengangs an welcher optischen Fläche um wie viel vom vorgesehenen idealen Strahlengang abweicht. Diese Kenntnisse sind Voraussetzung für die vorgestellte Kompensationsmethode. Die Idee besteht darin, mit einer Neuberechnung der Maßberechnungsfläche, die im realistischen System auftretenden qualitativen Abweichungen zu korrigieren.

Aus der realistisch simulierten und der gewünschten Lichtverteilung bildet man eine Differenz und verwendet diese zur Erzeugung einer neuen, korrigierten Ziellichtverteilung. Aus dieser werden die korrigierten Detektorauftreffpunkte berechnet, welche wiederum als Eingangsgröße für den zweiten Maßberechnungsdurchgang dienen, in welchem die betroffene optische Fläche noch einmal neu berechnet wird. Es handelt sich demzufolge nicht um eine Optimierung der bestehenden optischen Fläche. Die ursprüngliche lexikographische Ordnung der Strahlenmenge bleibt auch in der korrigierten Ziellichtverteilung erhalten.

Mit dieser Methode lassen sich nicht vermeidbare quantitative Abweichungen, beispielsweise aufgrund optischer Verluste an den realen Flächen, kompensieren. Aber auch qualitative Unterschiede, aufgrund der Lichtquellenausdehnung oder fertigungsbedingter Erfordernisse wie etwa Rundungsradien, können auf diese Art und Weise beseitigt werden. In 2010 hat Cassarly mit der „Flux-Compensator"-Methode ein verwandtes Verfahren vorgestellt [4].

KAPITEL 8

APPLIKATIONSBEISPIELE

Um eine Vorstellung von der Praxistauglichkeit und den möglichen Anwendungsgebieten zu vermitteln, wird in diesem Kapitel eine Auswahl an Beleuchtungssystemen vorgestellt, welche mit dem AdoptTool entworfen worden. Die in den Abschnitten 8.1 bis 8.3 vorgestellten Systeme wurden gefertigt und lichttechnisch vermessen, um die Simulationsergebnisse zu verifizieren. Im Rahmen rein simulativer Entwurfsstudien wurden die in den Abschnitten 8.4 und 8.5 angeführten Applikationen untersucht.

8.1 LED-BASIERTER FAHRTRICHTUNGSANZEIGER

Das erste Applikationsbeispiel stammt aus der automobilen Lichttechnik. Es handelt sich um eine Brems-/Schlussleuchte in Kombination mit einem Fahrtrichtungsanzeiger zum Anbau an Motorrädern. Um zulassungsfähig zu sein, muss diese die lichttechnischen Anforderungen der Regelungen für Beleuchtungseinrichtungen an Kraftfahrzeugen der „Economic Commission for Europe", nachfolgend ECE genannt, erfüllen. Im hier vorgestellten Fall handelt es sich konkret um die Regelung ECE-R 50 [10], welche minimale und maximale Lichtstärkewerte an festgelegten Winkelkoordinaten vorgibt.

Als Leuchtmittel wurden eine rote *Golden DRAGON®* LED [24] für die kombinierte Brems- und Schlussleuchtenfunktion sowie eine gelbe für die Funktion des Fahrtrichtungsanzeigers, jeweils mit einer Leistungsaufnahme von einem Watt, verwendet. Die entwickelte Optik basiert auf dem Funktionsprinzip des TIR-Kollimators [7]. Eine Vorgabe bestand darin, dass die Geometrie der Außenfläche aus Gründen des ästhetischen Erscheinungsbildes nicht verändert werden durfte. Dies ist ein anschauliches Praxisbeispiel für eine fest vorgegebene Abschlussfläche im maßzuberechnenden System, siehe Abschnitt 4.2.6. In diesem speziellen Fall handelt es sich um eine sphärische Fläche.

Die Optik wurde im 2D-Modus des AdoptTools entworfen. Der erhaltene Querschnitt der TIR-Optik wurde um 360° um die optische Achse rotiert und bildet die Hauptoptik. Die Optikeinheit besteht aus zwei TIR-Optiken, eine für den Fahrtrichtungsanzeiger und eine für die Brems-/Schlussleuchtenkombination. In Abbildung 8.1 sind zwei optische Bereiche (blau und rot) erkennbar. Der blaue Teil ist die Hauptoptik und sorgt für die normgerechte Ausleuchtung in Richtung der optischen Achse. Darüber hinaus fordert die ECE-R 50 aus Gründen der Erkennbarkeit eine Mindestlichtstärke von 0,5 Candela im gesamten Bereich von -80° bis +80° in der horizontalen Richtung und von -10° bis +15° in vertikaler Richtung. Dies wird von der rot hervorgehobenen Erkennbarkeitsoptik geleistet. Der Querschnitt der Erkennbarkeitsoptik wurde lediglich um ±15° gegenüber der Horizontalen rotiert, da nur in diesem Bereich die Erkennbarkeit gefordert ist.

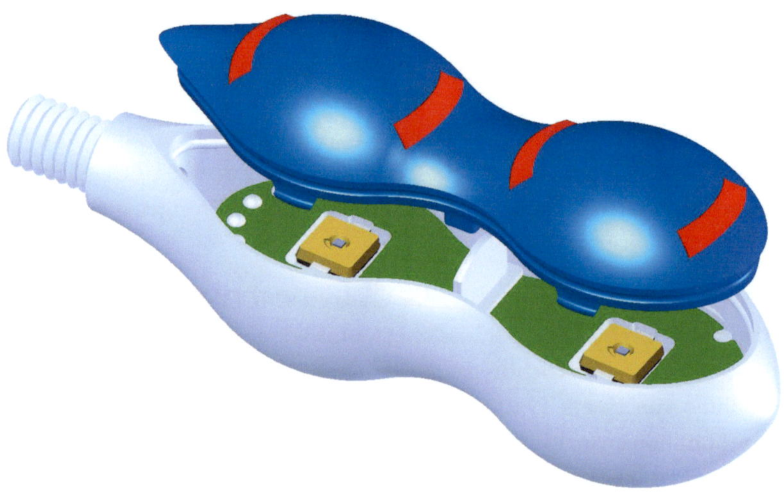

Abbildung 8.1: CAD-Modell des Fahrtrichtungsanzeigers (Optik angehoben)

Abbildung 8.2:   Foto der Optikeinheit (werkzeugfallendes Spritzgussteil)

Der gefertigte Prototyp mit der in Abbildung 8.2 zu sehenden Optik aus Polycarbonat wurde lichttechnisch vermessen. Die Messergebnisse zeigten eine gute Übereinstimmung mit den Simulationsergebnissen.

8.2   LED BASIERTE WARNLEUCHTE

In diesem Praxisbeispiel war die Motivation, das bisherige Leuchtmittel, eine 5-Watt Glühlampe, durch eine 1-Watt LED zu ersetzen. Dies sollte vor allen Dingen dazu dienen, dass das Leuchtmittel dem harten Baustellenalltag besser standhält. Der häufigste Defekt ist ein Riss der Glühwendel der Lampe, welcher einen aufwändigen Austausch erforderlich macht. Einen zusätzlichen positiven Effekt stellen auch die deutlich verlängerten Wartungsintervalle dar. Infolge der deutlich verringerten elektrischen Leistungsaufnahme halten die Batterien länger und müssen dementsprechend weniger oft ausgewechselt werden.

Als sicherheitsrelevante Einrichtung im Straßenverkehr muss eine Warnleuchte auch spezifizierte lichttechnische Anforderungen erfüllen, um eine Zulassung von der „Bundesanstalt für Straßenwesen" erhalten zu können. Diese sind in den „Technischen Lieferbedingungen Warnleuchten 90" [35] aufgeführt. Im Wesentlichen wird hier eine Lichtstärkeverteilung mit spezifizierten Mindest- und Maximalwerten gefordert.

Das optische System der alten Warnleuchte besteht aus der Glühlampe und einer gewölbten, refraktiven Abschlussscheibe. Diese besitzt auf der

Vorderseite rechteckige Kissenoptiken. Die Rückseite stellt eine Fresnellinse dar.

Abbildung 8.3:   Abschlussscheibe der bisherigen Warnleuchte
links: Vorderansicht
rechts oben: Kissenoptiken auf der Vorderseite
rechts unten: Fresnelstrukturen auf der Rückseite

Im gegebenen Bauraum beträgt der Abstand zwischen LED und Abschlussscheibe 30 Millimeter. Aufgrund dessen sowie der lambertsch strahlende LED wird lediglich die Mitte der Abschlussscheibe in einem Bereich mit etwa 30 Millimeter Durchmesser hell ausgeleuchtet. Der Rest der Scheibe erscheint dunkel. Der Gesamtdurchmesser der Scheibe beträgt jedoch 200 Millimeter. Dies bedingt die von der Vorschrift geforderte Mindestgröße der leuchtenden Fläche, welche darüber hinaus gleichmäßig ausgeleuchtet werden muss.

Um dies mit nur einer LED erreichen zu können, ist eine zusätzliche optische Komponente erforderlich. Deren Aufgabe besteht darin, den Öffnungswinkel des erfassten Lichts zu vergrößern und es homogen auf der gesamten Abschlussscheibe zu verteilen. Die Abschlussscheibe erzeugt anschließend die geforderte Lichtstärkeverteilung. In der folgenden Abbildung ist dieses Funktionsprinzip als Querschnittsskizze des rotationssymmetrischen Systems illustriert.

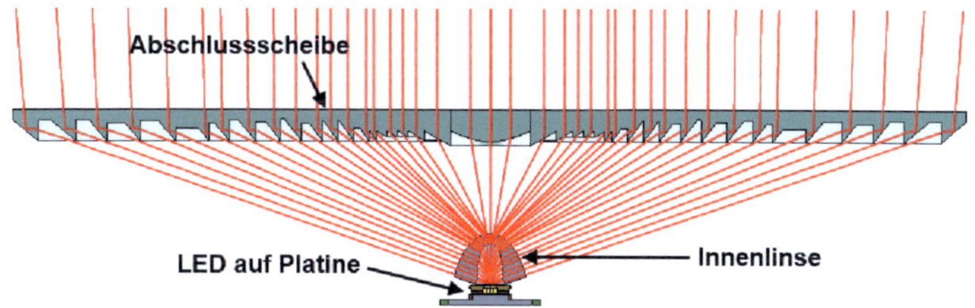

Abbildung 8.4: Illustration des Funktionsprinzips mit wenigen, dafür größeren TIR-R-Segmenten
(frühes Entwicklungsstadium)

Die refraktive Optik zur gleichmäßigen Ausleuchtung der Abschlussscheibe ist direkt über der LED auf der Platine positioniert und in
Abbildung 8.5 a) einzeln dargestellt. Ihr optisches Funktionsprinzip wurde
bereits in Abbildung 4.5b) illustriert.

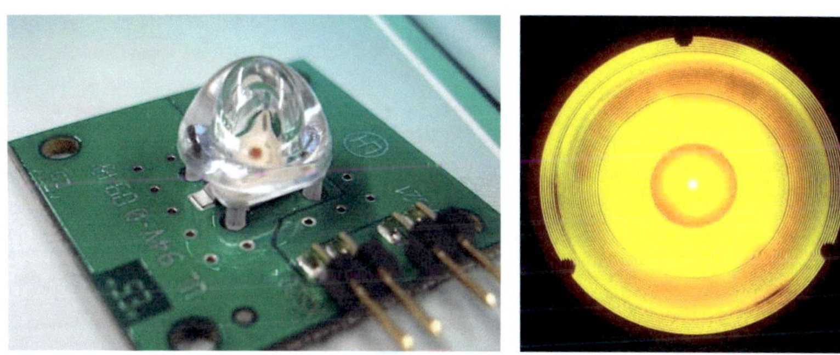

Abbildung 8.5: a) Innenlinse auf Platine über der LED positioniert
b) Warnleuchte in Betrieb

Die Vorderseite der Abschlussscheibe ist als plane Fläche fest vorgegeben.
Dies vereinfacht die Herstellung des Spritzgusswerkzeugs. Die Rückseite
besteht aus Ringen deren Schrägen maßberechnet wurden. Die inneren
Ringe arbeiten rein refraktiv. In die äußeren Ringe tritt das Licht refraktiv
ein und wird anschließend an den Schrägen totalreflektiert (TIR-R-Prinzip
[6]). Die maßberechneten Schrägen erzeugen die gewünschte Lichtstärkeverteilung unter Berücksichtigung der für den Spritzgussprozess erforderlichen Entformungsschrägen und der vorgegebenen, planen Lichtaustrittsfläche.

Beim Entwurf der Abschlussscheibe waren fertigungsbedingte Erfordernisse zu beachten, welche die Entwurfsfreiheit äußerst stark einschränkten. Um die Formgenauigkeit beim Spritzgießen zu gewährleisten, durfte die Gesamtdicke der Scheibe drei Millimeter nicht übersteigen. Von diesen wiederum mussten zwei Millimetern massiv ausgeführt werden, um die Stabilität der Scheibe sicherzustellen. Folglich blieb nur ein Millimeter für die ringförmigen, lichtumlenkenden Segmente übrig. Aufgrund der geringen Höhe waren sehr viele Segmente erforderlich. Beim Spritzgießen verrunden scharfe Kanten infolge der Materialschrumpfung während des Abkühlvorgangs. Typische Runddungsradien betragen 0,12 Millimeter. Bei einer Zackenhöhe von gerade einmal einem Millimeter reduzieren diese nicht vermeidbaren Rundungen die optisch wirksame Fläche der Zackensegmente in nicht zu vernachlässigender Art und Weise.

Ein realistischer Entwurf muss dies jedoch berücksichtigen. Der Endversion besteht aus 15 refraktiv wirkenden ringförmigen Segmenten im mittleren Bereich und aus 43 Ringen im äußeren Bereich, welche auf dem TIR-R-Funktionsprinzip [6] beruhen. In der folgenden Abbildung ist eine aus Polycarbonat bestehende Abschlussscheibe aus der Serienfertigung zu sehen.

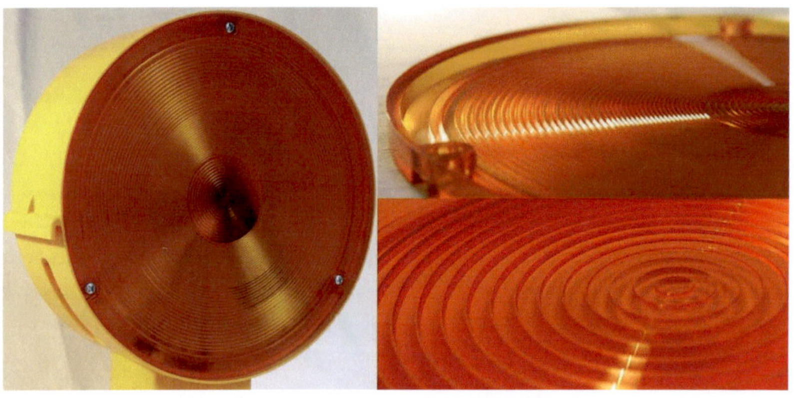

Abbildung 8.6:   *Abschlussscheibe der neu entwickelten Warnleuchte*
          links: *Ansicht von vorn*
          rechts oben: *TIR-R Ringe im Außenbereich der Rückseite*
          rechts unten: *refraktiv wirkende Ringe in der Mitte der Rückseite*

Vergleichssimulationen mit realistischen Lichtquellenmodellen (Rayfiles des Herstellers) haben gezeigt, dass das System mit idealen Zacken eine optische Effizienz von 78% besitzt. Unter Berücksichtigung der Rundungsradien reduziert sich die optisch wirksame Fläche signifikant und die optische Effizienz beträgt lediglich noch 35%. Die lichttechnische Vermessung von Prototypen der Warnleuchte ergab eine sehr gute Übereinstimmung mit den Simulationsergebnissen. Dies spricht auch für die sehr gute Umsetzung der geometrischen Modellvorgaben durch den Optikhersteller. Das neu entwickelte System erfüllt alle lichttechnischen Anforderungen bei einer elektrischen Leistungsaufnahme von lediglich 0,25 Watt.

8.3 DOWNLIGHT-LEUCHTE MIT FREIFORMREFLEKTOREN

Das nächste Beispiel stammt aus dem Bereich der Allgemeinbeleuchtung. Es handelt sich um eine Downlight-Deckenleuchte für den Einsatz in Möbelhäusern. Die Beleuchtungsaufgabe besteht darin, mit nur einer Leuchte ein Möbelabteil mit einer Grundfläche von circa 25 m^2 auszuleuchten und dabei gleichzeitig gezielt einzelne Möbelstücke anzuleuchten, um Akzente zu setzen. Das verwendete Leuchtmittel ist eine Gasentladungslampe des Typs „Philips CDM-T MASTERColour" [25] mit einer elektrischen Leistungsaufnahme von 70 Watt.

In der Abbildung 8.7 ist links die Vorgängerleuchte zu sehen. Diese enthält trapezförmige Planspiegel, welche die ebenfalls zwangsläufig trapezförmigen Spots der Akzentbeleuchtung erzeugen. Ziel der Überarbeitung des bestehenden Systems war, bei gleich bleibender Lichtquelle kreisförmige und deutlich hellere Lichtspots mit homogener Lichtverteilung zu erzeugen.

Die neu entwickelte Leuchte besitzt einen zweigeteilten, rotationssymmetrischen Hauptreflektor, welcher für die flächige Ausleuchtung sorgt, sowie vier kleinere, nichtrotationssymmetrische Freiformreflektoren, welche durch Lichtumlenkung die gewünschten Spots zur Akzentbeleuchtung erzeugen. All diese Reflektoren wurden mit dem AdoptTool berechnet.

Alle vier Freiformreflektoren sind einzeln drehbar gelagert, so dass die Lichtspots durch manuelles Verstellen voneinander unabhängig auf die zu beleuchtenden Objekte ausgerichtet werden können. In den runden Spots der neu entwickelten Leuchte sind bei deutlich gestiegener Homogenität 30% mehr Lichtstrom enthalten als beim Vorgängermodell mit den Planspiegeln. Die Wirkung der Freiformreflektoren erkennt man daran, dass diese trotz nahezu trapezförmigem Umriss kreisförmige Lichtverteilungen erzeugen.

In Abbildung 8.7 sind die bisherige und die neu entwickelte Leuchte zu sehen. Die lichttechnische Vermessung ergab eine gute Übereinstimmung zwischen der simulierten und der gefertigten Leuchte.

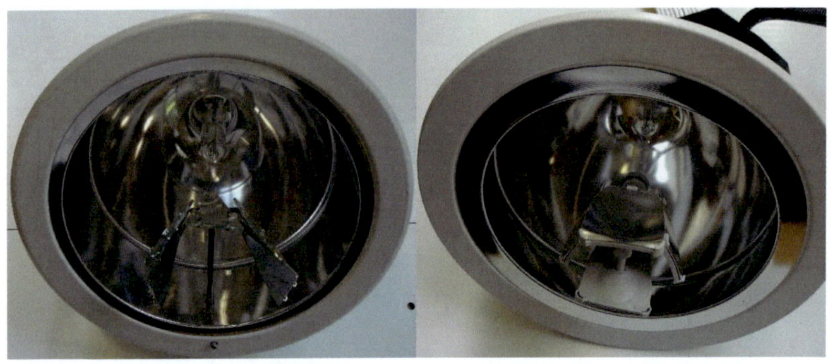

Abbildung 8.7:   Leuchte mit Planspiegeln (links) und Leuchte mit Freiformreflektoren (rechts)

Um die in Kapitel 6 angesprochene Abbildung der realen Lichtquelle, aufgrund der ordnungserhaltenden Strahlzuordnung, zu verhindern, wurden die vier Freiformreflektoren einer sehr feinen Sandstrahlung unterzogen.

8.4   MASSBERECHNETE LICHTLEITSTÄBE

Zu den Standardbauelementen der Beleuchtungsoptik zählen die auf mehrfacher interner Totalreflexion basierenden Lichtleitstäbe. In den Halbraum strahlende LEDs sind für diese aufgrund der geringen Abmessung ihrer lichtemittierenden Flächen besonders gut geeignete Lichtquellen. Die Kombination aus LED und Lichtleitstab besitzt folgende

Vorteile. Beide können sehr nah zueinander positioniert werden. Infolgedessen wird der gesamte Lichtstrom der LED in den Lichtleitstab eingekoppelt. Im Zusammenwirken mit der theoretisch verlustlosen Lichtumlenkung durch interne Totalreflexionen verspricht dies potentiell eine sehr hohe optische Systemeffizienz. Des Weiteren ist über das Verhältnis von Stablänge zum Durchmesser der Austrittsfläche der Öffnungswinkel der modulierten Lichtverteilung direkt einstellbar.

Standardlichtleitstäbe bestehen lediglich aus planen Flächen. Aufgrund dessen ist nur eine sehr begrenzte Einflussnahme möglich. Im Allgemeinen beschränkt sich dies auf den Öffnungswinkel und das Aspektverhältnis der erzeugten Lichtverteilung. Eine darüber hinausgehende Kontrolle des Strahlengangs ist aufgrund der räumlichen Strahldurchmischung infolge der Mehrfachreflexionen auch gar nicht möglich.

Im Rahmen einer Entwurfsstudie [9] wurde dieses leistungsfähige Funktionsprinzip aufgegriffen und derart erweitert, dass die Anwendung der Maßberechnungsmethode auf Lichtleitstäbe möglich wird. Die entscheidende Änderung besteht darin, anstatt des räumlich durchmischten einen eindeutigen, sequentiellen Strahlengang zu erzeugen und folglich den Strahlengang kontrollierbar zu gestalten. Dies erfolgt mit Hilfe der Maßberechnungsmethode durch die genaue Abstimmung der Geometrien der Lichteintritts-, der Totalreflexions- und der Lichtaustrittsfläche aufeinander. Im Ergebnis werden die bislang planen Flächen der Lichtleitstäbe durch Freiformflächen ersetzbar.

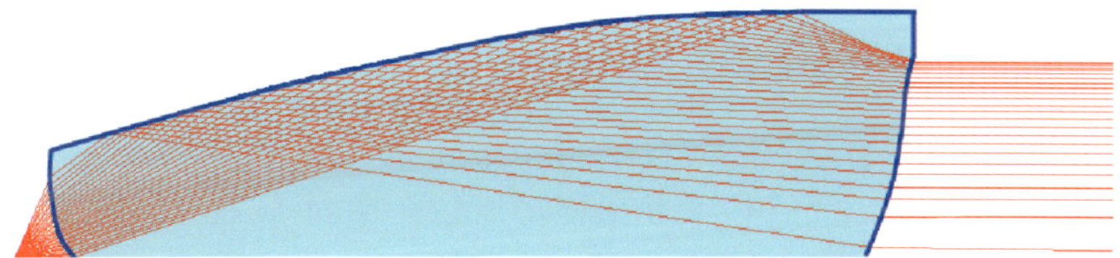

Abbildung 8.8: Maßberechneter Lichtleitstab mit kollimierender Wirkung [9]

Infolge der daraus resultierenden neuen Freiheitsgrade wird es möglich, beliebig geformte Ziellichtverteilungen hocheffizient mit Hilfe maßberechneter Lichtleitstäbe zu erzeugen. In Abbildung 8.8 ist dies beispielhaft an einem rotationssymmetrischen Lichtleitstab illustriert. Infolge des geänderten und erweiterten Funktionsprinzips kommen zu den bereits oben genannten Vorteilen weitere hinzu. Zum Beispiel wird die Länge des Lichtleitstabs frei wählbar, da die Abhängigkeit vom Öffnungswinkel der Ziellichtverteilung nicht mehr besteht. LEDs und Freiformlichtleitstäbe stellen eine sehr gute Kombination für neuartige Beleuchtungssysteme dar [9].

Zusätzlich bietet das auf eindeutige, sequentielle Strahlengänge und Freiformflächen erweiterte Lichtleitstabprinzip die Möglichkeit der problemspezifischen Verschmelzung optischer Standardkomponenten zu insgesamt deutlich kleineren und effizienteren Hybridoptiken.

8.5 Weitere mögliche Anwendungsgebiete

Generell sind sehr viele weitere Anwendungen des Maßberechnungsalgorithmus im Bereich nichtabbildender optischer Systeme denkbar. Im Rahmen dieser Arbeit wurden beispielsweise akademische Machbarkeitsstudien für LED-basierte Rückleuchten mit geringer Einbautiefe [5] und für LED-Scheinwerfer [6] angefertigt.

Eine hilfreiche, wenn auch unkonventionelle Anwendungsmöglichkeit der Maßberechnungsmethode wurde mit der „Rückwärtsmodellierung von LED-Primäroptiken" in [8] vorgestellt. Primäroptiken, welche die ursprünglich lambertsche Abstrahlcharakteristik des LED-Chips in eine deutlich davon verschiedene transformieren, weichen stark von der Halbkugelform ab und besitzen im Allgemeinen komplizierte, bisweilen sogar nichtkontinuierliche Oberflächengeometrien. Aufgrund fehlender Informationen über die Oberflächengeometrien anspruchsvoller LED-Primäroptiken in den Datenblättern benötigt der Optikentwickler eine adäquate Approximation der Lichtaustrittsfläche, um im Nahfeld derartiger Lichtquellen sinnvoll tätig werden zu können. Für diese spezielle Art ausgedehnter Lichtquellen stellt die Rückwärtsmodellierung eine fortgeschrittene Approximationsmöglichkeit dar. Sie erweitert den Applikationsbereich der Maßberechnungsmethode auf den Nahfeldbereich von LEDs mit Primäroptiken. Die an dieser Stelle nur kurz erwähnte Methode wird in [8] detailliert und vollständig erläutert.

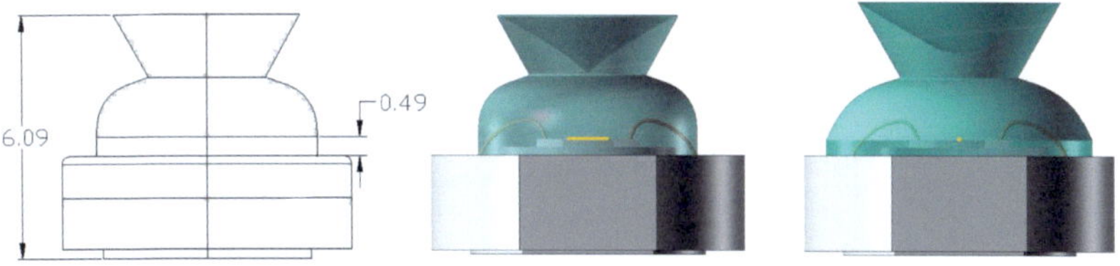

Abbildung 8.9:   Rückwärtsmodellierung am Beispiel der Lumileds Luxeon LXHL LED
a) Querschnittsskizze aus Datenblatt [26]
b) Modell mit 1x1mm² LED-Chip (gelbe Linie) und Originalprimäroptik [8]
c) Modell mit Punktquelle (gelber Punkt) und aus nahfeldgoniometrischen
Messdaten „rückwärts" maßberechneter Primäroptik [8]

Mit einer nichtrotationssymmetrischen Lichtaustrittsfläche ließe sich das in Abschnitt 8.4 vorgestellte Funktionsprinzip der Lichtquellenmodulation zum Beispiel auf die Erfordernisse einer homogenen Ausleuchtung in einem rechteckigen Bereich eines Fließbands anpassen. Dies ist eine Voraussetzung für den Einsatz digitaler Bildverarbeitung zur Qualitätskontrolle und zur automatisierten Identifikation mittels Barcodelesern.

Auch im Bereich der Solarkonzentratoren, aus welchem die nichtabbildende Optik als eigenständige Wissenschaftsdisziplin hervorging, ist die Anwendung des AdoptTools nahe liegend. Das auf der Erdoberfläche ankommende, direkte Sonnenlicht stellt eine nahezu perfekt parallel strahlende Lichtquelle mit einem eindeutigen Strahlengang dar. Auf dem Detektor, welche die rechteckige Solarzelle darstellt, wird eine homogene Lichtverteilung gewünscht, um die Sonnenenergie mit dem maximal möglichen Wirkungsgrad in elektrische Energie umzuwandeln. Dies ist eine einfach und klar formulierte Aufgabenstellung. Mit der in Abschnitt 3.2.2 erläuterten SMS-Methode wurden bereits zahlreiche hocheffiziente Konzentratoroptiken entwickelt. Des Weiteren wurden auch im Bereich der Laserstrahlformung bereits Anwendungsmöglichkeiten für maßgeschneiderte Optiken gezeigt [30], [32].

KAPITEL 9

ZUSAMMENFASSUNG UND AUSBLICK

Die vorliegende Arbeit beschäftigt sich mit dem Entwurf nichtabbildender optischer Komponenten und Systeme. Im Vordergrund steht dabei die exakte, geometrische Modellierung von optischen Flächen. Aus Sicht des Optikentwicklers stellt dieses mathematische Problem die größte Schwierigkeit im gesamten Entwurfsprozess dar. Geeignete Berechnungsverfahren sind daher von besonderem Interesse.

Die ganzheitliche Modellierung dieser Problemstellung führt auf ein System nichtlinearer, partieller Differentialgleichungen zweiter Ordnung [29]. In dieser Arbeit erfolgt hingegen eine Aufteilung in zwei Teilprobleme, welche separat nacheinander gelöst werden. Dieser Zwischenschritt führt in der Folge auf lediglich zwei lineare, partielle Differentialgleichungen erster Ordnung. Aufgrund dieser entscheidenden Vereinfachung des mathematischen Problems wird die direkte Lösung mit numerischen Standardverfahren ermöglicht.

In der vorliegenden Arbeit werden zur Beschreibung von Lichtverteilungen endliche, lexikographisch geordnete Strahlenmengen sowie das Strahlabstandskonzept verwendet. Dieser Modellierungsansatz erlaubt die Anwendung des ordnungserhaltenden Strahlzuordnungsverfahrens, welches die gegebene Lichtverteilung in die gewünschte transformiert. Die Forderung nach der Erhaltung der Ordnung der Strahlenmenge im Rahmen dieser Transformation und die Vorgabe geeigneter Anfangsbedingungen führen zur Bestimmtheit des mathematischen Problems. Infolgedessen existiert für dieses eine eindeutige Lösung. Das Konzept der ordnungserhaltenden Strahlzuordnung wird erstmalig in der vorliegenden Arbeit vorgestellt. Im weiteren Verlauf der Arbeit bildet dieses Konzept die Grundlage für einen neu entwickelten mathematischen Algorithmus, welcher optische Freiformflächen mit einem direkten, nicht iterativen, Berechnungsverfahren erzeugt.

Die von der Lichtquelle in Form eines eindeutigen Strahlengangs emittierte Lichtverteilung wird von der berechneten Freiformoptik derart umgeformt, dass die gewünschte Ziellichtverteilung exakt erzeugt wird. Dieser Algorithmus wurde im ersten Schritt für rotationssymmetrische Systeme analytisch hergeleitet und im Anschluss auf nichtrotationssymmetrische Systeme erweitert.

Nachdem der Optikentwickler sowohl die gegebenen als auch die gewünschten lichttechnischen Systemgrößen eingegeben hat, erfolgt der erste Schritt. Die von der Lichtquelle emittierte Lichtverteilung wird mittels der ordnungserhaltenden Strahlzuordnung in die gewünschte Ziellichtverteilung transformiert. Dieser Schritt erfolgt noch unabhängig vom zu entwickelnden optischen System. An dieser Stelle wird die erste Differentialgleichung gelöst. Die erhaltenen Transformationsfunktionen der Strahlzuordnung dienen als Eingangsgrößen für den zweiten Schritt, der eigentlichen Maßberechnung der optischen Freiformfläche. Zu diesem Zweck wird die zweite Differentialgleichung gelöst. Aufgrund der numerischen Lösung erhält man als Ergebnis eine Punktewolke der gesuchten Freiformfläche, welche abschließend mit einem Spline approximiert wird.

Freiformoptiken besitzen aufgrund ihrer lokalen Definition eine deutlich höhere Adaptivität an die spezifischen Erfordernisse der jeweiligen Aufgabenstellung als Optiken mit global definierten Standardflächen. Dies führt zu einer wesentlichen Steigerung der potentiellen Leistungsfähigkeit der einzelnen optischen Komponenten. Dieses Potential bildet die Grundlage für den Entwurf hocheffizienter optischer Systeme.

Aufgrund des numerischen Lösungsverfahrens ist ebenfalls die Verwendung nichtanalytischer Ziellichtverteilungen als Eingangsgrößen möglich. Die Skalierbarkeit der erhaltenen optischen Flächen ist gegeben.

Die softwaretechnische Implementierung des Maßberechnungsalgorithmus, das AdoptTool, hat sich bereits im Rahmen einiger simulativer Konzeptstudien und Entwicklungsprojekte als praktikables Entwurfswerkzeug erwiesen. Es ermöglicht sowohl Einsteigern als auch erfahrenen Optikentwicklern in kurzer Zeit optische Systeme zu entwerfen.

Das vorgestellte Berechnungsverfahren eignet sich insbesondere für Systeme mit sehr kleinen Lichtquellen (LEDs, Laserdioden, Gasentladungslampen). Aber auch Systeme mit nahezu parallelem Eingangslicht, beispielsweise Sonnenlicht, lassen sich damit entwerfen (Solarkonzentratoren).

Die Eignung für technische Anwendungen wurde diskutiert und die Entwurfsmöglichkeiten anhand akademischer und praktischer Beispiele demonstriert.

In der vorliegenden Arbeit wurden die Möglichkeiten der geometrischen Modellierung optischer Systeme um die direkte Maßberechnung von Freiformoptiken erweitert. In diesem Zusammenhang wurde der Typ der Freiformfläche „lichttechnisch kontrollierbar" gemacht und somit sein Potential für das Gebiet der nichtabbildenden Optikentwicklung erschlossen.

Eine weitere Zielstellung dieser Arbeit bestand darin, den Zeitaufwand für die frühen Entwurfsphasen zu reduzieren. Dies ist aufgrund der direkten Berechnung in eindrucksvoller Art und Weise gelungen. Der Optikentwickler spart einerseits viel Rechenzeit im Vergleich zu iterativen Verfahren, andererseits aber vor allen Dingen noch wesentlich mehr Entwicklungszeit, da mit der Maßberechnung keine Notwendigkeit für ein adäquates Startdesign für die Optimierung besteht.

Abschließend bleibt anzumerken, dass weder der Maßberechnungsalgorithmus noch das AdoptTool ein Ersatz für den kreativen Optikentwickler sein können. Sie sind lediglich leistungsfähige Werkzeuge für den Entwurfsprozess.

9.1 AUSBLICK

Für rotationssymmetrische optische Systeme stellt das AdoptTool bereits ein erprobtes und bewährtes Entwicklungstool dar. Bevor das AdoptTool jedoch seine allgemeine Praxistauglichkeit zum Entwurf nichtrotationssymmetrischer Systeme erlangen kann, muss das Programm zunächst noch weiter ausreifen. Dafür sind weiterführende Programmierarbeiten, wie zum Beispiel die Erweiterung auf den Fall zusätzlicher Flächen im System, durchzuführen. Darüber hinaus ist es auch wichtig, das Programm auf weitere Aufgabenstellungen aus der Praxis anzuwenden, um eventuell vorhandene Fehler zu beheben.

In seiner aktuellen Form stellt das AdoptTool ein Expertenprogramm dar. Der nächste logische Schritt wäre demzufolge, das AdoptTool hinsichtlich einer höheren Bedienerfreundlichkeit, physikalischer Konsistenzchecks und einem größeren Funktionsumfang weiterzuentwickeln.

Darüber hinaus wäre es technisch möglich und vorstellbar, das in der Scriptsprache MATLAB implementierte AdoptTool in eine Compilersprache, wie beispielsweise C++, zu überführen oder es in ein bestehendes kommerzielles CAL-Softwarepaket zu implementieren.

Die vorliegende Arbeit konzentriert sich auf den Entwicklungsprozess in einer sehr frühen Phase, in welcher das System noch komplett idealisiert betrachtet wird. Die vorgestellte Maßberechnungsmethode besitzt jedoch auch darüber hinausgehendes Potential zum Einsatz in den späteren Entwicklungsphasen. In diesen wird das System schrittweise immer realistischer modelliert und lichttechnisch analysiert. Die damit einhergehenden Abweichungen der realen Detektorlichtverteilung von der des idealen Systems könnten mit Hilfe einer erneuten Maßberechnung kompensiert werden. Eine derartige Adaptation der Maßberechnungsfläche des idealen Systems an die realen Bedingungen könnte sich folgender Vorgehensweise bedienen. Die numerischen Daten simulierter Lichtverteilungen können von CAL-Programmen unter anderem in Form einer Textdatei ausgegeben und von MATLAB eingelesen werden. Gleiches gilt auch für den gesamten simulierten Strahlengang. Somit sind alle Vorraussetzungen gegeben, um prinzipiell entsprechende Adaptationsverfahren programmtechnisch implementieren zu können. Aus der Verifikationssimulation des realistisch modellierten Systems können die numerischen Daten der Simulationsergebnisse wieder ins AdoptTool eingelesen werden. Diese dienen dann als Referenzdaten für die Bestimmung einer korrigierten Ziellichtverteilung, welche die Auswirkungen des realistisch modellierten Systems berücksichtigt. Die in einer erneuten Maßberechnung erhaltene Freiformfläche kann anschließend in das realistische Modell importiert und erneut lichttechnisch simuliert werden. Diese Vorgehensweise ist insbesondere im Hinblick auf den maximal erreichbaren optischen Wirkungsgrad des realen Systems von großem Interesse. Deren Umsetzung würde jedoch einen beträchtlichen programmiertechnischen Aufwand bedeuten.

10 LITERATURVERZEICHNIS

[1] Benitez, P., Miñano, J. C., *Simultaneous Multiple Surface Design of Compact Air-Gap Collimators for Light-Emitting Diodes*, Opt. Eng. 43 (7), 1522–1530, 2004

[2] Benitez, P., Miñano, J. C., *Simultaneous Multiple Surface Optical Design Method in Three Dimensions*, Opt. Eng. 43 (7), 1489-1502, 2004

[3] Benker, H., *Differentialgleichungen mit MATHCAD und MATLAB*, Springer, Berlin 2005

[4] Cassarly, W., *Iterative Reflector Design Using a Cumulative Flux Compensation Approach*, International Optical Design Conference, 2010

[5] Domhardt, A., Rohlfing, U., Lemmer, U., *Optical Design of LED-based Automotive Tail Lamps*, Optics + Photonics, Proc. SPIE 6670, 2007

[6] Domhardt, A., Weingärtner, S., Rohlfing, U., Lemmer, *New Design Tools for LED Headlamps*, Optical Sensors, Proc. SPIE 7003, 2008

[7] Domhardt, A., Weingärtner, S., Rohlfing, U., Lemmer, U., *TIR Optics for Non-Rotationally Symmetric Illumination Design*, Illumination Optics, Proc. SPIE 7103, 2008

[8] Domhardt, A., Wendel, S., Neumann, C., *Backward Modelling of LED Primary Optics*, International Optical Design Conference, Proc. SPIE 7652, 2010

[9] Domhardt, A., Wendel, S., Rohlfing, U., Lemmer, U., *Light Source Modulation Using Light Guide Rods*, Optics + Photonics, Proc. SPIE 7423, 2009

[10] Economic Commission for Europe (ECE), Regelung Nr. 50: ECE-R 50, 2003

[11] Farin, G. E., *Curves and Surfaces for Computer Aided Geometric Design: A Practical Guide*, Academic Press, Boston 1993

[12] Fournier, F. R., Cassarly, W. J., Rolland, J. P., *Designing Freeform Reflectors for Extended Sources*, Nonimaging Optics: Efficient Design for Illumination and Solar Concentration VI, Proceedings of the SPIE, Volume 7423, 2009

[13] Fournier, F. R., Cassarly, W. J., Rolland, J. P., *Fast Freeform Reflector Generation Using Source-Target Maps*, Optics Express, Vol. 18 Issue 5, 5295-5304, 2010

[14] Fournier, F. R., Cassarly, W. J., Rolland, J. P., *Freeform Reflector Design Using Integrable Maps*, International Optical Design Conference (IODC), 2010

[15] Gall, D., *Grundlagen der Lichttechnik Kompendium*, Pflaum Verlag, Berlin 2004

[16] Glassner, A., *An Introduction to Ray Tracing*, Academic Press, London 1989

[17] Hecht, E., *Optik*, Oldenbourg Wissenschaftsverlag, München 2009

[18] Jenkins, D., Winston, R., *Integral Design Method for Nonimaging Concentrators*, J. Opt. Soc. Am. A **13**, 2106-2116, 1996

[19] Jenkins, D., Winston, R., *Tailored Reflectors for Illumination*, Appl. Opt. 35, 1669-1672, 1996

[20] Litfin, G., *Technische Optik in der Praxis*, Springer, Berlin 2005

[21] Malacara, D., Malacara, Z., *Handbook of Optical Design*, Dekker, Basel 2004

[22] Oliker, V. I., *Mathematical Aspects of Design of Beam Shaping Surfaces in Geometrical Optics*, Trends in Nonlinear Analysis, 191-222, 2002

[23]   Osmer, J., Weingärtner, S., *Diamond Machining of Free-Form Surfaces: A Comparison of Raster Milling and Slow Tool Servo Machining*, Proceedings of the 7th International Conference and 9th Annual General Meeting of the European Society for Precision Engineering and Nanotechnology, 189-192, 2007

[24]   Osram Opto Semiconductors GmbH, *Datenblatt: Golden DRAGON®*, Regensburg, 2008

[25]   Philips Deutschland GmbH, *MASTERColour CDM-T 70W/830 G12 1CT*, Hamburg, 2012

[26]   Philips Lumileds Lighting Company, *Technical Datasheet DS25*, San Jose, 2007

[27]   Piegl, L., Tiller, W., *The NURBS Book*, Springer, Heidelberg 1997

[28]   Press, W., *Numerical Recipes: The Art of Scientific Computing*, Cambridge University Press, Cambridge 2007

[29]   Ries, H., Muschaweck, J., *Tailored Freeform Optical Surfaces*, J. Opt. Soc. Am. A 19, 590-595, 2002

[30]   Ries, H., *Laser Beam Shaping by Double Tailoring*, Laser Beam Shaping VI, Proceedings of the SPIE, Volume 5876, 53-58, 2005

[31]   Ries, H., Winston, R., *Tailored Edge-Ray Reflectors for Illumination*, J. Opt. Soc. Am. A11, 1260–1264, 1994

[32]   Rubinstein, J., Wolansky, G., *Intensity Control with a Free-Form Lens*, J. Opt. Soc. Am. A 24, 463-469, 2007

[33]   Savio, E., De Chiffre, L., Schmitt, R., *Metrology of Freeform Shaped Parts*, CIRP Annals - Manufacturing Technology, Volume 56, Issue 2, 810-835, 2007

[34]   Stavroudis, O. N., *The Mathematics of Geometrical and Physical Optics*, Wiley-VCH Verlag, Weinheim 2006

[35] Technische Lieferbedingungen für Warnleuchten, *TL-Warnleuchten 90*, Selbstverlag, 1991

[36] Weingärtner, S., *Designalgorithmen zur Berechnung dreidimensionaler optischer Freiformkomponenten*, Diplomarbeit, Karlsruhe, 2008

[37] Winston, R., Miñano, J. C., Benitez, P., *Nonimaging Optics*, Elsevier Academic Press, New York 2005

Internetquellen:

[38] MATLAB®, Dokumentation, www.mathworks.com

[39] P. Bergström, MATLAB® IGES Toolbox,

http://www.mathworks.de/matlabcentral/fileexchange/
13253-iges-toolbox

[40] ASAP®, www.breault.com

[41] FRED, www.photonengr.com

[42] LucidShape, www.lucidshape.com

[43] Rhinoceros®, www.rhino3d.com

[44] IGES, INITIAL GRAPHICS EXCHANGE SPECIFICATION (IGES), U.S. Department of Commerce, National Institute of Standards and Technology, www.nist.gov

DANKSAGUNG

Die vorliegende Arbeit entstand am Lichttechnischen Institut (LTI) des Karlsruher Instituts für Technologie (KIT) im Rahmen meiner Tätigkeit als wissenschaftlicher Mitarbeiter in der Abteilung „Optische Technologien im Automobil und angewandte Lichttechnik".

Herrn Prof. Dr. rer. nat. Cornelius Neumann danke ich für die Betreuung meiner Arbeit. Bei Herrn Prof. Dr. rer. nat. Wilhelm Stork möchte ich mich für die freundliche Übernahme des Koreferates bedanken. Herrn Prof. Dr. rer. nat. Uli Lemmer danke ich besonders für die freundliche Aufnahme am Lichttechnischen Institut, das entgegengebrachte Vertrauen und die erforderliche wissenschaftliche Freiheit, um dieses interessante Thema bearbeiten zu dürfen.

Herrn Dr.-Ing. Karsten Köth möchte ich ausdrücklich für die kompetente Einarbeitung in das Gebiet der angewandten Lichttechnik und seine Unterstützung seit dem Beginn meiner Tätigkeit am Lichttechnischen Institut danken. Ebenfalls bedanken möchte ich mich an dieser Stelle bei den Herrn Dr.-Ing. Stefan Pieke, Dr.-Ing. Mark Paravia sowie Dr.-Ing. Klaus Trampert dafür, dass sie mir mit zahlreichen Hinweisen aus ihrem Erfahrungsschatz oftmals zur rechten Zeit geholfen haben. Dem gesamten Lichttechnischen Institut danke ich für die stetige Hilfsbereitschaft und dem freundschaftlichen Arbeitsklima. Stellvertretend möchte ich hierfür Dr.-Ing. Manfred Scholdt und Dipl.-Ing. Christian Herbold meinen Dank aussprechen.

Mein außerordentlicher Dank gebührt Herrn Prof. Dr. rer. nat. Udo Rohlfing und Herrn Dipl.-Phys. Simon Wendel für die vielen konstruktiven Diskussionen, das Korrekturlesen der Arbeit, den hilfreichen Programmierhinweisen sowie der sehr guten Zusammenarbeit bei unseren gemeinsamen Publikationen. Darüber hinaus danke ich ihnen auch für die Unterstützung als Freunde. Beide haben großen Anteil am Ergebnis der vorliegenden Arbeit.

Des Weiteren möchte ich auch den Herrn Dipl. math. techn. Felix Michel, Dipl.-Phys. Simon Weingärtner sowie M. Sc. Julian Kurz für ihre geleisteten Beiträge zu dieser Arbeit danken. Meine Dankbarkeit gilt ebenfalls Frau Jun.-Prof. Dr. Anna Rohlfing-Bastian für den abschließenden grammatikalischen Feinschliff der englischsprachigen Publikationen.

Einen ganz besonders großen Dank möchte ich meiner Frau Kerstin und meiner Tochter Sarah aussprechen, weil sie insbesondere während der schriftlichen Ausarbeitung dieser Arbeit sehr viel Geduld und Verständnis aufgebracht haben.

SPEKTRUM DER LICHTTECHNIK

Lichttechnisches Institut Karlsruher Institut für Technologie (KIT)

ISSN 2195-1152

Band 1   Christian Jebas
Physiologische Bewertung aktiver und passiver Lichtsysteme im Automobil. 2012
ISBN 978-3-86644-937-4

Band 2   Jan Bauer
Effiziente und optimierte Darstellungen von Informationen auf Grafikanzeigen im Fahrzeug. 2013
ISBN 978-3-86644-961-9

Band 3   Christoph Kaiser
Mikrowellenangeregte quecksilberfreie Hochdruckgasentladungslampen. 2013
ISBN 978-3-7315-0039-1

Band 4   Manfred Scholdt
Temperaturbasierte Methoden zur Bestimmung der Lebensdauer und Stabilisierung von LEDs im System. 2013
ISBN 978-3-7315-0044-5

Band 5   André Domhardt
Analytisches Design von Freiformoptiken für Punktlichtquellen. 2013
ISBN 978-3-7315-0054-4

Die Bände sind unter www.ksp.kit.edu als PDF frei verfügbar oder als Druckausgabe bestellbar.